DE LA QUESTION AGRICOLE

ET

DU DESSÉCHEMENT DES ÉTANGS

DE

LA DOMBES.

RÉPONSE A MM. PICHAT ET CASANOVA,

PAR

F. GUILLEBEAU,

Fermier en Dombes et Maire du Plantay.

AOUT 1860.

BOURG-EN-BRESSE,

IMPRIMERIE DE MILLIET-BOTTIER.

1860.

DE LA QUESTION AGRICOLE

ET

DU DESSÉCHEMENT DES ÉTANGS

DE LA DOMBES.

RÉPONSE A MM. PICHAT ET CASANOVA.

DE LA QUESTION AGRICOLE

ET

DU DESSÉCHEMENT DES ÉTANGS

DE

LA DOMBES.

RÉPONSE A MM. PICHAT ET CASANOVA,

PAR

F. GUILLEBEAU,

Fermier en Dombes et Maire du Plantay.

AOUT 1860.

BOURG-EN-BRESSE,

IMPRIMERIE DE MILLIET-BOTTIER.

1860.

DE LA QUESTION AGRICOLE

ET

DU DESSÉCHEMENT DES ÉTANGS
DE LA DOMBES.

RÉPONSE A MM. PICHAT ET CASANOVA.

Fermier et habitant de la Dombes, la question du desséchement des étangs nous touche de près et nous intéresse au point de vue de la salubrité comme au point de vue agricole, comme au point de vue de la prospérité générale du pays.

Autour de nous, il y a des étangs dans toutes les directions et à des distances plus ou moins rapprochées; les communes qui nous environnent en sont garnies. Il y a donc peu de positions aussi favorables que la nôtre pour bien voir, bien observer et bien connaître tout ce qui a rapport aux étangs. En outre, notre profession nous permet d'apprécier leurs résultats, leur influence sous le rapport agricole, d'une manière d'autant plus sûre, d'autant plus complète que l'expérience est journalière et incessante.

Nous croyons donc qu'il est difficile qu'on nous applique le reproche qu'a fait M. Marion à ceux qui ont écrit avant lui sur la Dombes, savoir : qu'ils ne la connaissaient pas.

Nous avouons que dans la vérification du travail de

MM. Pichat et Casanova, nous nous sommes moins préoccupé de la science que des faits, car notre affaire, à nous, c'est la pratique, c'est l'observation. Certainement nous estimons, nous honorons la science, les positions acquises. Cependant, si les assertions du maître ne s'accordent pas avec la vérité, nous nous croyons d'autant plus obligé de signaler l'erreur, que l'autorité de celui qui la commet lui donne une plus grande portée.

Qu'on ne croie pas cependant que nous ayons négligé de consulter, de vérifier, de mettre à contribution les travaux de ceux qui se sont occupés spécialement de la Dombes avant nous. Nous avons parcouru avec soin, avec attention les études de M. Pouriau et de M. Sauvanau; les recherches de M. Guigue; les mémoires de MM. Guerre, de Nolhac, Rivoire, Ponchon, Greppo, Digoin, Latil de Thimécourt, Bottex, Journel, Reverchon, et particulièrement de M. Bodin; nous avons consulté Bossi et les différents travaux de M. Valentin Smith, comme les diverses publications de M. Dubost. Toutefois, nous nous sommes particulièrement appuyé sur les témoignages de M. Puvis. Son *Essai sur le desséchement des étangs* et surtout son rapport de l'enquête de 1840, présentent à la fois aux points de vue historique, médical, sanitaire, statistique et agricole, une autorité, une sûreté de jugement et d'appréciation qui n'ont pas été plus mises en doute que les faits nombreux et importants consignés dans son rapport n'ont été détruits. On ne saurait donc lui refuser une valeur, une influence considérable dans la question du desséchement des étangs. Cependant quelle n'est pas notre surprise de voir que MM. Pichat et Casanova, comme M. Marion, ne tiennent compte des travaux de M. Puvis qu'autant que cet auteur offre ici ou là quelque page qui puisse être interprétée en faveur des étangs; tandis que, soit dans son Essai sur le desséchement, soit dans son rapport de l'enquête de 1840, il les condamne d'une manière rigoureuse et absolue. Pense-t-on que la solution de cette grave question ainsi préparée s'accomplisse dans des conditions avantageuses pour les propriétaires d'étangs? Cela n'est guère probable et le contraire est plus à craindre (1).

(1) Nous avons supposé, comme dans la plupart des écrits actuels concernant les étangs de Bresse et Dombes, qu'il ne s'agissait que de la Dombes, quoiqu'en réalité les pays inondés dont il s'agit soient répartis dans ces deux contrées.

Nous donnons ici l'explication de quelques termes locaux qui se rencontreront dans le cours du présent travail, et pourraient n'être pas compris de tout le monde.

Evolage. Mode de culture du sol par l'inondation et le poisson. On désigne aussi sous ce nom la propriété de l'étang elle-même par suite d'une confusion dans l'appréciation de ce mode de culture du sol.

Assec. Période du mode de culture où l'étang. après avoir été pêché, est cultivé en céréales. Généralement on met les étangs 2 ans en eau et 1 an en assec.

Thou. Appareil remplissant les fonctions d'écluse, destiné à retenir ou faire écouler l'eau d'un étang.

Pie. Fraction d'évolage ou d'assec dans un étang.

Brouille. Pâturage aquatique produit par le *festuca fluitans*. Lin.

PREMIÈRE PARTIE.

DES CAUSES DE L'INSALUBRITÉ DE LA DOMBES.

—

But de ce travail.

La plupart des auteurs précédemment cités, et notamment MM. Puvis, Valentin Smith et Guigue, ont établi, soit au point de vue statistique, soit au point de vue historique, soit au point de vue agricole, que l'insalubrité de la Dombes et son état de souffrance étaient le fait patent, avéré des étangs; que l'infériorité agricole de ce pays était le résultat inévitable de cette insalubrité, et que le desséchement des étangs pouvait seul mettre fin à cet état de calamité. Nous croyons donc suffisamment démontré que les étangs sont cause de l'insalubrité de la Dombes, comme de la mortalité, des fièvres, du marasme qui la dépeuplent et l'*épuisent*. Toutefois, nous toucherons d'abord à deux ou trois points de la brochure de M. Marion qui tendent à décharger les étangs de la responsabilité qui pèse sur eux, après quoi nous nous occuperons de l'*Examen de la question agricole* de MM. Pichat et Casanova. Enfin, dans le cours de ce travail nous aurons lieu d'apprécier quelques passages du rapport présenté au conseil général de l'Ain sur la suppression des étangs.

I.

L'insalubrité de la Dombes peut-elle être attribuée à un marais intérieur ?

Désireux de trouver des causes de fièvres ailleurs que dans les étangs, qu'il prend à tâche de réhabiliter,

M. Marion attribue en partie l'insalubrité de la Dombes à
une espèce de marais intérieur, qui devrait exister dans tous
les sols argileux à sous-sol imperméable.

D'abord, si on a constaté que certains terrains à sous-sol
imperméable produisent des fièvres, il s'agit de bien établir
que la nature de ces terrains est identique à celle des nôtres,
et qu'on ne peut attribuer leur insalubrité à aucune autre
cause locale ou accidentelle. Or chez nous il existe dans les
étangs des causes de fièvre tellement considérables, tellement avérées, qu'il n'est point sérieux de créer un marais
intérieur pour expliquer l'existence de ces fièvres. Puis, qui
a prouvé l'existence d'un marais intérieur? Où sont consi-
gnées les expériences, les observations qui révèlent ce
marais? En attendant qu'on les produise, voici ce qu'en dit
M. Puvis :

« Quant à l'insalubrité dont on accuse la nature du sol,
« cette accusation ne parait guère fondée en fait, elle est
« rejetée par le plus grand nombre des autorités, et elle
« se réduit évidemment en Dombes à bien peu de chose,
« si l'on remarque que la salubrité a reparu partout où les
« étangs ont été desséchés. » *(Rapport de la commission
d'enquête sur le desséchement des étangs et l'assainissement
de la partie insalubre du département de l'Ain.* Bourg,
1840. P. 65.)

II.

*L'insalubrité de la Dombes est-elle le fait des marais de
la superficie ?*

Les marais qui sont à la surface du sol sont considérés
par M. Marion comme une cause d'insalubrité de première
importance. Il évalue la superficie de ces marais à 8,000
hectares.

M. Marion veut qu'on tienne compte de toutes les améliorations qui ont été réalisées et qui ont amené un progrès et un mieux en Dombes, comme considération pouvant établir que le desséchement des étangs n'est pas indispensable et que la Dombes peut se tirer d'affaire sans ce desséchement.

Pour les marais, M. Marion abandonne ce système afin de pouvoir établir sur la Dombes d'il y a trente ans, que la superficie des marais est si considérable, que l'influence des étangs est peu de chose comparée à la leur. Pour dire cela il faut ne tenir aucun compte des améliorations opérées depuis cette époque, et que M. Marion ne paraît pas ignorer, sauf dans cette circonstance. Avant de vérifier le chiffre des marais produit ci-avant, nous devons donc faire observer que précisément toutes les améliorations apportées à l'ancien état de la Dombes l'ont été en vue d'amener et de faciliter le desséchement des étangs. On ne saurait donc en aucun cas être admis à invoquer le progrès et le mieux qu'elles ont réalisés comme un motif de conserver l'évolage.

Ensuite la logique qui consiste à établir que, depuis qu'il existe en Dombes deux causes d'insalubrité, il est sans importance de détruire l'une d'elles, est trop défectueuse pour être acceptable. Il est évident, au contraire, qu'il faut détruire l'une et l'autre et qu'il n'y a pas de temps à perdre.

Maintenant, vérifions les marais de M. Marion. Il en annonce 8,000 hectares, avons-nous dit, et c'est dans un mémoire de M. Digoin (1) qu'il les trouve. Or M. Digoin dit déjà dans ce mémoire qu'il ne compte ni les marais de la Sereine, ni ceux de Sainte-Croix parce qu'ils sont assainis.

Il évalue à environ 1,200 hectares les prairies marécageuses de la Reyssouze. Mais Bourg n'a pas l'air de s'aper-

<hr>

(1) *Bulletin de la société d'agriculture de Trévoux*, N° 6.

cevoir que ces prairies sont malsaines, et du reste elles ne sont point en Dombes ; elles n'ont donc rien à faire ici.

Après cela viennent les prairies marécageuses de la Chalaronne, qui sont évaluées à environ 1,050 hectares. Ici nous ferons observer à M. Marion qu'il a oublié que le cours de la Chalaronne a été amélioré dans sa partie malsaine, en sorte que ces prairies ne doivent plus figurer au rang des marais.

Puis viennent les prairies marécageuses du Renom, évaluées à environ 850 hectares, et pour lesquelles nous faisons la même observation que pour celles de la Chalaronne.

Restent le marais des Echets, qui est réduit aujourd'hui à une superficie de 200 ou 300 hectares par suite des travaux dont il a été l'objet, et les prairies marécageuses de la Veyle, d'une superficie de 1,350 hectares. Mais le cours de la Veyle est déjà lui-même amélioré en partie ; on y travaille toujours, et il est probable que même en cas de suppression obligatoire pour les étangs, le bassin de cette rivière sera non seulement assaini, mais peut-être encore drainé fort longtemps avant les étangs.

En somme, des 8,000 hectares de marais évoqués par M. Marion au secours des étangs, il reste les 2 ou 300 hectares des Echets. Or ces marais formant une seule agglomération, il est évident que leurs effets sont tout-à-fait locaux et n'ont aucune influence sur la salubrité générale de la Dombes.

Du reste, puisque M. Marion s'appuie sur M. Digoin, il ne trouvera pas mauvais que nous lui citions ses propres paroles :

« Il est vrai que quelques-uns de nos adversaires sont
« convenus que les étangs étaient quelque peu insalubres ;
« mais ils ont soutenu que c'est aux marais qu'il fallait

« attribuer la principale cause des maladies endémiques.

« Je doute que les uns et les autres eussent émis une
« pareille opinion, s'ils avaient étudié l'importance des
« marais de la Dombes, ou bien s'ils avaient pris lecture de
« l'un des numéros du *Bulletin de la société d'agriculture*
« *de Trévoux*, où se trouve la statistique de ces marais, que
« je présentai en 1837 ; car ils auraient vu qu'à l'exception
« des Echets il n'y a que quelques prairies marécageuses
« dans notre contrée, et que comparées à la surface du pays
« d'étangs, leur étendue est comme 1 est à 15 (1). »

Notons bien que depuis cet écrit, la Chalaronne, le
Renom, la Veyle, ont eu leur cours amélioré, et que le
marais des Echets, dont la superficie est évaluée par
M. Marion à 12 ou 1,500 hectares, n'en a guère que 2 à 300.

Ajoutons encore ici ce que dit M. Puvis des marais de
la Dombes :

« La rareté des sources en Dombes a pour effet immédiat
« la rareté des marais ; les marais sont presque tous formés
« par les eaux intérieures qui sourdent à la surface ; mais ce
« serait là des sources qui manquent au pays ; ils ne peuvent
« pas davantage être formés par les eaux des pluies qui
« resteraient sans écoulement sur la surface, puisque nous
« avons vu que la pente était partout très-forte (2). »

Nous terminerons cet article en faisant observer avec
l'éminent agronome que nous venons de citer, qu'il a fallu
des sommes énormes de travail et d'argent pour établir des
marais en Dombes, en dépit du sol.

(1) *Réponse à la démonstration de la nécessité de maintenir le régime
des étangs sur le plateau de la Dombes.* P. 16 et 17.

(2) *Rapport de la commission d'enquête.* P. 12.

III.

Les étangs ne sont-ils qu'une cause peu grave d'insalubrité?

En dernière ligne, M. Marion admet que les étangs peuvent bien être compris pour quelque chose dans l'insalubrité de la Dombes; mais il a soin de les ménager. Il dit : « Il y a 14,000 hectares d'étangs en Dombes, dont 4,500 environ sont annuellement en assec. Des 9,500 hectares restant inondés, le quart seulement environ, soit 2,300 hectares, représentant les rives de ces étangs, peuvent être considérés comme insalubres. »

Evidemment, à ce compte il ne vaut guères la peine d'en parler, surtout quand on se suppose vis-à-vis de 8,000 hectares de marais. Mais l'évaluation de ces derniers était peu exacte, voyons ce que nous devons penser de celle des étangs. Sans doute, pour répondre à cette assertion renouvelée de MM. Guerre, Rivoire et de Nolhac, il faudra répéter des choses déjà dites, mais puisqu'on oublie, il faut bien se résigner à ce rôle peu récréatif.

1° D'abord, il y a 14,458 hectares d'étangs et c'est bien à ce chiffre qu'il faut s'arrêter pour évaluer la superficie d'où provient l'insalubrité de la Dombes. On ne peut distraire de ce chiffre les étangs en assec; car si alors ils sont moins malsains qu'en eau, cependant leur sol mélangé de matières, produit de la putréfaction pendant qu'il était couvert d'eau, exhale de dangereuses émanations; on ne peut donc dans ce cas assimiler le sol des étangs à celui des terres non inondées; tout au plus quand ils sont ensemencés en seigle ou en froment sont-ils réellement moins insalubres l'année où ils sont couverts par la récolte.

2° Tous les étangs brouilleux sont en entier malsains, ainsi que tous les étangs peu profonds.

3° Pour les étangs où l'eau s'échauffe moins à raison de sa profondeur, peut-on en conclure qu'ils ne sont pas insalubres? Ailleurs qu'en Dombes il y a des étangs profonds, alimentés par des cours d'eau, et dont le voisinage est sous le coup de la fièvre paludéenne. Or nos grands étangs sont loin d'être aussi favorablement organisés. Tous ne sont alimentés que par les eaux de pluie qui contiennent une quantité notable d'ammoniaque; ils reçoivent les eaux des terres voisines qui leur apportent une part du fumier de ces terres; en outre ils offrent presque tous des collections de plantes aquatiques. Quelques-uns sont couverts de renoncules aquatiques de diverses espèces; la *rununculus aquatilis* Lin., par exemple, qui a de petites fleurs blanches, envahit à elle seule certains étangs au mois de mai; les nénuphars, les phellandriums, les roseaux, les scirpes forment des touffes au milieu des eaux; les potamogetons se montrent durant l'été. Or il est bien évident que toutes ces plantes fournissent une quantité sérieuse de matières putrescibles, sans quoi les marais ordinaires ne seraient pas malsains; elles donnent donc lieu à des combinaisons dont le résultat est de charger l'eau des étangs de principes morbides. Enfin, puisqu'il est reconnu que l'étang est un réservoir de fumier, que MM. Pichat et Casanova l'ont particulièrement démontré, on ne peut en induire que ses eaux en soient d'autant plus saines. Maintenant si l'on songe à l'énorme évaporation qui a lieu pendant l'été, est-il sensé de croire que les Dombistes respirent impunément l'air imprégné de ces évaporations.? Et à ce sujet, remarquons bien qu'un grand étang n'est pas pour cela un étang profond, et qu'il présente des degrés d'insalubrité aussi variables que la profondeur de ses eaux. Il en est où l'on voit le sol affleurer l'eau par places et former des îles et dont les rives se multiplient par leurs sinuosités. —

Ces étangs ne doivent donc pas être classés parmi ceux qui sont moins insalubres, ainsi qu'on pourrait le faire pour les étangs profonds, qui pour cela sont loin d'être innocents. Mais est-ce tout? Non. Nous signalerons encore à M. Marion une superficie considérable de marais qui ont leur cause directe dans l'étang. Le long des chaussées, surtout de celle où se trouve le thou, on observe des suintements d'eau qui se répandent sur le sol voisin, le pénètrent, y forment de vrais marais, avec joncs, laîches, eau putrescente, etc. Ces pertes, ces suintements gagnent des surfaces assez étendues, et nous estimons la surface de ces marais ainsi engendrés et entretenus par l'étang à plusieurs centaines d'hectares. Nous sommes donc loin de réduire le chiffre des étangs nuisibles à 2,300 hectares puisqu'il faut au contraire le porter au moins à 15,000.

Ainsi l'insalubrité de la Dombes provient uniquement des étangs, et comme nous tenons à bien établir que cette opinion ne se réduit point à notre personne, nous citerons encore les témoignages les plus irrécusables, établissant que notre manière de juger l'étang est à la fois celle du plus grand nombre et des autorités les plus considérables. Voici d'abord ce qu'en dit M. Puvis, après avoir exposé une série de faits qui motivent son jugement :

« Ces faits sont nombreux et constatés, ils ne peuvent
« être accusés ni de théorie ni d'utopie; ils achèvent donc
« d'établir de la manière la plus précise le fait de l'insalu-
« brité des étangs et du retour de la salubrité par leur
« mise en assec; et ils prouveraient au besoin que les autres
« causes d'insalubrité qu'on a alléguées ont peu d'impor-
« tance puisque la salubrité a reparu dans les communes
« que nous venons de nommer, par le desséchement de
« quelques étangs, *malgré que rien n'ait été changé pour*

« *la nature du sol, les prairies marécageuses et le régime*
« *des habitants* (1). »

Et ailleurs :

« Tout ce qu'on sait sur tous les pays, et tout ce que
« nous a appris l'enquête se réunit donc pour prouver
« l'insalubrité des étangs (2). »

Maintenant voici également ce que nous lisons dans les
Notions statistiques sur la Dombes et la Bresse insalubres
de M. Valentin Smith :

« Cette vérité que la dépopulation de la Dombes et de la
« Bresse fiévreuses est causée par les étangs n'éclate pas
« seulement par les constatations universelles de la science
« hygiénique, mais désormais aussi par le témoignage et
« les consciencieuses recherches des hommes investis d'une
« confiance officielle pour éclairer les pouvoirs publics à ce
« sujet. »

Et un peu plus loin :

« Enfin, plus récemment, le Conseil de salubrité a
« déclaré, dans une délibération du 15 février 1851 : « qu'il
« était unanime pour reconnaître que l'existence des étangs
« est une cause permanente et incessante d'insalubrité pour
« la Dombes, et qu'il est utile, urgent même de combattre
« cette cause (3).

« A cela ajoutons encore ce passage d'un mémoire de
« M. Bodin : « Si maintenant vous voulez bien faire atten-
« tion que dans notre pays se trouvent agglomérés plus de
« 1,600 étangs occupant plus de 20,000 hectares, près du
« quart de la superficie totale, vous serez effrayé de

(1) *Rapport de l'enquête de* 1840. **P. 43.**

(2) *Id.* **P. 62.**

(3) *Notions statistiques sur la population, le recrutement et la vie
moyenne dans la Dombes et la Bresse insalubre.* **Lyon,** 1851. **P. 4.**

« l'énorme surface sur laquelle doivent se produire les
« miasmes, et vous ne vous étonnerez plus que la rare
« population qui est comme noyée au milieu d'eux dispa-
« raisse inévitablement (1). »

A ces témoignages, dont personne ne contestera l'autorité, joignons ceux de MM. De Fenille, Bossi, Foderé,
Greppo, Latil de Thimécourt, Bottex, Guigue et Dubost. Si
la somme empreinte de tous ces témoignages est une preuve
de la vérité de nos assertions, n'est-elle pas aussi une
preuve de la ténacité, de l'opiniâtreté de certains évolagistes à tenter, quand même, l'impossible réhabilitation de
l'étang? Et si l'on peut tenir si peu de compte aujourd'hui
de toutes ces preuves de la culpabilité de l'étang, évidemment nous rencontrerons plus tard les mêmes dénégations,
à moins que la suppression de l'évolage ne les prévienne.

IV.

Les précautions hygiéniques peuvent-elles suffire contre
la fièvre ?

Encore un mot sur l'insalubrité de la Dombes.

M. Marion croit que l'hygiène est d'une grande efficacité
pour prévenir ou atténuer la fièvre. Cette opinion paraît
être aussi celle de la Saulsaie. MM. Pichat et Casanova,
dans l'*Examen de la question agricole en Dombes*, disent
effectivement que les vêtements de laine, l'usage du café,
de la viande, du vin, les précautions enfin, mettent à l'abri
de la fièvre ou à peu près.

La première remarque que cette supposition suggère à
notre esprit, c'est que cette opinion n'a pas toujours été

(1) *Mémoire sur les étangs de la Dombes. Bulletin de la Société d'Agriculture de l'arrondissement de Trévoux.* N° 12. P. 10.

admise à la Saulsaie. M. C. Nivière, le prédécesseur de
M. Pichat, a eu à lutter d'une manière désastreuse contre
la fièvre, et les moyens hygiéniques n'empêchaient pas qu'il
eût 45 0/0 de journées de fièvres dans l'annee. M. Nivière
employa dans cette circonstance le seul remède efficace; il
dessécha 32 étangs. Dès lors la fièvre se trouva réduite aux
proportions actuelles, qui font croire à MM. Pichat et Casanova que l'hygiène est un spécifique suffisant contre elle.

N'est-il pas profondément triste de voir qu'une expérience si grave, si concluante, à laquelle M. Nivière a
sacrifié son avenir, est déjà oubliée le lendemain du jour
où ses résultats ont été connus, constatés? Et oubliée là
même où elle a eu lieu, par ceux-là même qui semblaient
devoir être plus naturellement désignés pour en apprécier
les effets et en perpétuer l'enseignement?

Ensuite on nous parle d'hygiène! Et dans quel pays
l'oublie-t-on moins? Dans quel pays y a-t-on recours d'une
manière plus générale, plus régulière, plus continuelle
qu'en Dombes?

Assurément tous les paysans ne peuvent quotidiennement
faire usage du vin, du café, de la viande, etc. M. Dubost a
fait à cet égard des réflexions dont la justesse est incontes-
table, en signalant combien ces recommandations sont peu
de saison et impraticables, et qu'il serait plus à propos de
donner à ces hommes de travail un air pur, un climat sain.

Mais, du reste, ceux qui peuvent user du régime indiqué
échappent-ils à la fièvre? Comment se fait-il que les curés,
les instituteurs et institutrices, les gendarmes qui observent
ce régime prennent tous la fièvre? Comment se fait-il
qu'elle pénètre même dans les châteaux, et dans les habi-
tations bourgeoises et confortables des propriétaires qui ne
séjournent que momentanément en Dombes, circonstance
des plus favorables pour échapper aux effets des étangs? Si

nous allons soit dans le Lyonnais, soit dans le Dauphiné, soit dans le Bugey, soit sur les bords de la Saône durant tout l'été, nous y voyons des gens presque nus, sans chaussure, n'ayant qu'un pantalon ou qu'une chemise, et travaillant ainsi toute la journée jusqu'à ce qu'elle soit finie. Est-ce ainsi que les choses se passent en Dombes? Voit-on les valets labourer sans chaussure, et les batteurs sans chemise? Non. Mais quand la journée commence, tous les travailleurs sont habillés au complet. Ils ne quittent leur veste ou leur blouse que lorsque le soleil a dissipé l'humidité du matin. Dans le jour, s'ils ont fait quelques efforts particuliers, s'ils ont été échauffés par le travail, on les voit ou changer de linge ou reprendre les vêtements quittés. Enfin, le soir, dès que le soleil approche de l'horizon, chacun se rhabille au complet. Voilà pour tous les jours de l'année. Nous ajouterons que les travailleurs qui n'ont que de l'eau à boire ont la précaution de choisir les puits où ils la prennent, lors même qu'ils ne sont pas rapprochés, si le puits de la maison où ils sont n'est pas en bon état. Enfin, même pendant une partie de la bonne saison, les valets ont des chaussons de laine dans leurs sabots, des vêtements de laine sous leur blouse. Or, qu'est-ce donc que tout cela, sinon de l'hygiène? Observe-t-on de pareilles précautions ailleurs qu'en Dombes? Et cependant ces précautions préservent-elles de la fièvre? Au Plantay, sur 455 habitants il y a eu plus de 260 fiévreux en 1859. M. Dubost, dans ses *Etudes agricoles* évalue à deux cinquièmes de la population totale le nombre de ceux qui sont atteints par la fièvre. M. le docteur Bottex constate que dans certaines localités, le quart, le tiers, et même la moitié de la population est atteinte (1). M. Valentin

(1) *Des causes de l'insalubrité de la Dombes*. Paris, Lyon, 1840. P. 2.

Smith (1) nous apprend qu'en 1857 la fièvre a atteint les deux tiers de la population de six communes de la Dombes, et la moitié de celle de onze autres communes.

Enfin les différents travaux statistiques du même auteur nous apprennent aussi, soit par le résultat des conseils de révision, soit par la brièveté de la vie moyenne, soit enfin par l'excès des décès sur les naissances, quel rôle la fièvre joue en Dombes. Car si elle n'y est pas ordinairement mortelle en elle-même, combien n'augmente-t-elle pas la mortalité en compliquant une foule d'affections dont l'art ou la nature auraient triomphé sans elle? Combien, d'un autre côté, ne modifie-t-elle pas désavantageusement le développement physique de la population?

Et c'est en présence de pareils faits qu'on méconnaît ou qu'on nie la gravité du mal, qu'on parle de la bénignité de la fièvre et de la facilité de s'en préserver! Mais où donc ces messieurs ont-ils étudié la Dombes?

(1) *Statistique sommaire du département de l'Ain.* 1858, Paris. P. 44. Notes.

DEUXIÈME PARTIE.

DE LA QUESTION AGRICOLE EN DOMBES.

Avant de commencer leur examen, MM. Pichat et Casanova déclarent qu'ils s'occuperont de la Dombes exclusivement au point de vue agricole. Ainsi, ces Messieurs ne tiendront pas le moindre compte, ne diront pas le moindre mot de l'insalubrité des étangs dans leur appréciation agricole de la Dombes. Mais cette abstraction de l'insalubrité est-elle possible? Ne les conduira-t-elle pas inévitablement à l'erreur? En effet, ils vont trouver un sol d'un faible revenu, et ils diront : mauvais sol! ne tenant point compte de ce que ce faible revenu n'est point imputable à la nature du sol, mais au genre de culture qu'il a reçu. Or, ce genre de culture n'est-il pas précisément déterminé par l'étang? Par les effets morbides, par les conditions onéreuses à tant d'égards qui pèsent sur toute la contrée et qui sont le fait de l'étang? ils diront : « Il est rationnel de présumer que « le sol sera plus tard ce qu'il est aujourd'hui; les amélio- « rations dont il est susceptible ne permettent pas de le « modifier beaucoup et interdisent des espérances de hauts « revenus. » Et ainsi, ils ne verront pas ce que peut devenir cette terre une fois affranchie des entraves qui la lient, et fécondée par un travail normal et suffisant.

Mais s'il y a discussion à l'égard de la Dombes, est-ce parce qu'il s'agit simplement de substituer un système de culture à à un autre? Est-ce parce que le mode actuel de culture n'a pas encore été étudié, apprécié? Non! la question n'est pas là. Nous demandons la suppression de l'étang *parce qu'il est insalubre.* Là est le point essentiel; là est le point de départ de toute la discussion. Sans doute il est utile d'adopter une bonne marche culturale, un bon assolement pour les terrains qui vont être desséchés et pour la nouvelle culture destinée à remplacer le système d'inondation. Mais l'insalubrité de l'étang étant la cause de sa suppression, est-il possible d'apprécier soit l'étang, soit le sol de la Dombes sans s'occuper de cette insalubrité? MM. Pichat et Casanova l'ont tenté. Nous allons voir où cette manière imparfaite de concevoir leur sujet les a conduits.

CLIMAT.

Les observations relevées par M. Pouriau établissent que la température du climat de la Saulsaie est en moyenne 1°49 plus basse que celle de Paris, tandis que la température estivale est de 1°50 plus élevée.

MM. Pichat et Casanova trouvent cela fort grave et semblent croire que l'agriculture en souffre considérablement. La fréquence des vents du nord, la quantité de pluie et son inégale répartition sont également pour ces Messieurs autant de sujets d'appréciation fort défavorables à la Dombes.

Sans doute on ne saurait nier que nous avons à souffrir des grandes pluies, des vents violents et trop continus, des froids exceptionnels et de certains accidents atmosphériques. Mais ces accidents, ces vents, ces pluies sont-ils limités à la Dombes? Les pays limitrophes n'en souffrent-ils pas aussi bien que nous? A-t-on songé pour cela à les considérer comme une cause grave de non-valeur pour ces pays? Après tout, le climat de la Dombes est le climat rhodanien, dont la zône comprend des pays très-fertiles, et nous ne voyons pas pourquoi ce climat serait une cause d'improductivité plutôt pour nous que pour les autres. En effet, Bourg touche à la Dombes et son climat n'en peut sensiblement différer. Cependant, la fertilité du territoire de cette ville est assez connue, et il est également vérifié que cette fertilité ne disparait qu'autant qu'on entre dans la région des étangs. La même observation s'applique à tout le pourtour de la Dombes. On ne saurait donc nullement représenter les conditions climatériques de ce pays comme une cause d'improduction grave et irrémédiable. Mais si la Dombes est improductive, comme il n'y a que la région des étangs qui mérite ce reproche, n'est-il pas plutôt à présumer que ce sont les étangs qui sont cause de cette stérilité?

Un examen plus approfondi de nos conditions climatériques n'arrive qu'à confirmer cette présomption. En effet, nos récoltes de céréales mûrissent bien et de bonne heure. Après la récolte levée, nous pouvons obtenir une récolte dérobée soit en blé noir, dont MM. Pichat et Casanova ne parlent pas du tout; soit en raves, soit en fourrages artificiels. Nous avons en outre tout le temps de semer de la navette et du trèfle incarnat pour le printemps suivant. Malgré les gelées tardives, nos navettes réussissent généralement bien, quoique non sarclées, et ne manquent pas plus souvent ici qu'ailleurs. Enfin, s'il a plu à MM. Pichat et Casanova d'indiquer plusieurs récoltes comme impossibles, il plaît néanmoins au sol de produire ces récoltes dans des conditions assez bonnes pour que les Dombistes s'adonnent généralement à ces cultures.

Ces Messieurs évoquent souvent la pluie et la sécheresse comme cause d'insuccès; nous devons donc vérifier le fait d'une manière particulière.

L'analyse des terrains de la Dombes par M. Pouriau permet d'établir que la terre absorbe la moitié de son poids d'eau. Il y a des terrains qui en absorbent beaucoup plus, et ce sont généralement de bons terrains. Mais il est à observer que ces terrains conservent beaucoup moins bien l'eau que les nôtres. Si notre sol est lent à absorber et absorbe moins qu'un sol plus perméable, il est aussi plus lent à évaporer et à écouler; il y a donc compensation. Ajoutons à cela qu'en cas de sécheresse le sous-sol rend au sol une partie de son humidité, et nous trouverons que la provision d'humidité de notre sol est dans une condition fort satisfaisante. Maintenant, cet état se maintient-il quand vient la sécheresse? Nous allons voir.

Quand les pluies de mai et de juin arrivent, elles trouvent le sol garni de plantes qui absorbent elles-mêmes directement une part considérable de leur produit. Ces plantes gênent en outre l'écoulement de cette pluie, soit par la multiplicité de leurs tiges, soit par les feuilles qui traînent par terre ; l'eau a donc d'autant plus de temps pour s'imbiber. Il ira donc peu ou pas d'eau à la rivière, contrairement à ce que disent MM. Pichat et Casanova. Ensuite, ces mêmes plantes isolant le sol, empêchent qu'il ne subisse l'action directe du soleil et des courants d'air, et par suite empêchent aussi notablement l'évaporation. Après ces pluies arrive immédiatement le moment d'enlever les foins, puis plus tard les moissons. La rentrée des récoltes coïncide donc précisément avec la sécheresse, en sorte que cette dernière devient aussi précisément une heureuse condition de culture en favorisant les moissons et le battage. La pluie et la sécheresse, loin de pouvoir être considérées comme des fléaux, s'harmonisent donc au contraire parfaitement avec les besoins et la nature de notre sol. Au moment où les céréales ont été enlevées ces trois dernières années, qui ont été particulièrement sèches, l'humidité du sol était encore si sensible pendant les trois ou quatre jours qui suivaient l'enlèvement de la récolte qu'on pouvait faire fonctionner la charrue parfaitement. Plus tard la dessication de la terre dépouillée devenait telle qu'il fallait de la pluie pour pouvoir continuer les labours. Ajoutons, pendant que nous parlons de la pluie, qu'elle répand 27 à 29 kilogrammes d'ammoniaque par hectare, ce qui est une circonstance avantageuse pour la fertilité du sol, mais non, il est vrai, au point de vue de l'étang, car on ne peut se dissimuler que cette ammoniaque n'augmente particulièrement l'insalubrité de ce genre d'établissements, comme l'a déjà remarqué M. Dubost. MM. Pichat et Casanova ne signalent point cette circonstance, non plus que la rareté de la grêle sur notre plateau. Ces deux choses méritaient cependant une mention particulière.

Ainsi, examen fait du climat, nous avons constaté une première fois l'erreur de ces Messieurs cherchant les causes de l'infériorité agricole de la Dombes ailleurs que là où elles se trouvent réellement. Cela leur arriverait-il s'ils avaient tracé leur programme comme le sujet le comportait?

DU SOL.

M. Sauvanau, dans un mémoire couronné par la société impériale d'agriculture de Lyon, a établi un fait d'une haute importance pour la Dombes (1).

Il résulte de ses nombreuses observations faites sur des terrains du Lyonnais, de la Dombes, de la Bresse et du Bugey, que les sols à consistance forte, contenant de 8 à 20 pour 100 de gros sable, peuvent présenter une haute fertilité. Or, les analyses de M. Pouriau indiquent préci-

---

(1) *Recherches analytiques sur la composition des terres végétales des départements du Rhône et de l'Ain. — Annales de la Société impériale d'agriculture.* T. VIII. P. 457 et suivantes.

sément la présence de 6 à 20 pour 100 de gros sable et de gravier dans le sol de la Dombes. Ainsi, contrairement à ce que disent MM. Pichat et Casanova, notre sol est loin d'avoir un degré d'imperméabilité qui le condamne à une production médiocre. Il est du reste bien connu que les labours profonds amènent les plus heureux résultats, ainsi que les drainages judicieux et les défoncements. Ces derniers remédient surtout d'une manière remarquable aux accidents causés en hiver à la végétation par le trop d'humidité du sol.

Nous devons, du reste, apporter d'autant plus de réserve à accueillir les données de ces Messieurs sur notre sol; que si l'on tient compte qu'à leurs yeux pluie, vent, hiver, été, climat, sol, tout est défectueux en Dombes, il faudrait logiquement en conclure qu'il y a peu ou pas de végétation, ce qui est plus que hasardé.

DES PLANTES.

I.

Le chapitre de MM. Pichat et Casanova intitulé comme celui-ci : *Des plantes*, a causé une stupéfaction aussi complète que générale parmi les propriétaires et fermiers de la Dombes. Tous ceux qui en ont eu connaissance se demandaient quelle était la commune de la Dombes où le maïs et la betterave étaient impossibles; tous se demandaient depuis quand la pomme de terre, le trèfle, etc., étaient devenus des récoltes si précaires. Nous savons bien que M. Nivière n'a point poussé à la culture des récoltes sarclées ni à celle des racines par conséquent. Mais ce n'était pas du tout parce que ces récoltes étaient impossibles à cause du sol ou du climat, c'est parce que les récoltes sarclées ne convenant qu'à des pays populeux et à des terrains ameublis et enrichis par la culture, il a dû adopter un mode transitoire qui demandât moins de bras et un sol moins riche. Voilà pourquoi il a fait des fourrages au lieu de faire des racines.

MM. Pichat et Casanova ont classé les diverses récoltes de la Dombes en trois catégories, celles à réussite impossible, celles à réussite douteuse et celles à réussite probable.

Dans la catégorie des récoltes impossibles, se trouvent :

1° Le maïs et la betterave, dont la culture est générale et productive dans toute la Dombes, et limitée seulement par les bras disponibles pour les sarclages.

2° Les racines de crucifères et les autres plantes industrielles.

Nous ne voyons pas que le rutabaga puisse être supprimé sans une enquête sérieuse ; il nous a donné de beaux résultats. L'œillette et le chanvre sont cultivés dans les verchères. Ces cultures sont aujourd'hui restreintes, mais leur réussite permet de constater que le jour où les engrais et les bras seront suffisants on pourra en augmenter l'importance.

3° Enfin nous connaissons plusieurs essais de luzerne très-encourageants. Il est évident que si on ne peut compter sur une culture tout-à-fait générale de ce précieux fourrage, il y a cependant bon nombre de fonds où elle sera avantageuse.

Toute la catégorie des plantes à réussite douteuse, sauf le blé de mars, peut être réunie à la catégorie des plantes à réussite probable. Du moins elles ne réussissent pas plus mal en Dombes qu'ailleurs. Quand il gèle, quand il grêle, quand un accident climatérique atteint les récoltes, elles en ont leur part ni moins que les autres, mais ni plus. Il n'y a qu'une opinion à cet égard.

MM. Pichat et Casanova citent particuliérement les dégâts

occasionnés l'hiver dernier aux trèfles par la gelée. Ces Messieurs en tirent des conséquences incroyables. Quoi donc ! parce que, par un froid exceptionnel et soutenu, qui a abaissé la température jusqu'à 23 degrés centigrades au-dessous de zéro, le trèfle aura gelé en Dombes, il suffira de décrire minutieusement comment le froid a opéré sur lui, pour en conclure après que cela se passe toujours ainsi, et que la culture de cette plante n'offre qu'un succès problématique? Mais les ronces, les genêts, qui croissent si spontanément dans nos pays, ont tous gelé. Allons-nous donc en être débarrassés? Loin de là; on ne peut pas même en conclure qu'ils vont de nouveau geler l'hiver prochain. Mais ne nous occupons pas trop d'une assertion que détruit sa propre exagération. Bornons-nous à dire que les trèfles ont bien gelé ailleurs qu'en Dombes l'hiver dernier. Ils ont gelé à Curis, à Béon, à Saint-Priest, etc., localités dont les terrains sont fort différents des nôtres, et faisons observer que plus de la moitié de nos trèfles n'a pas été atteinte par la gelée. Enfin si ces Messieurs considèrent néanmoins qu'en général la culture du trèfle est douteuse, nous les engageons à prendre à cet égard quelques informations auprès de M. C. Nivière. Quand cet éminent agronome dirigeait la Saulsaie, il avait l'art d'avoir assez facilement des trèfles hauts d'un mètre, dont les visiteurs et les voisins n'ont pas perdu le souvenir. A cette époque on ne doutait pas plus à la Saulsaie des betteraves que du maïs, et en agissant ainsi on tenait simplement compte des faits les plus quotidiens.

II.

MM. Pichat et Casanova estiment à 11 ou 12 hectolitres à l'hectare le rendement du blé. Ceci peut être adopté comme moyenne. Mais combien de domaines nous pourrions citer dont le rendement est de 15, 20 et 25 hectolitres. Ce dernier rendement a été obtenu et se maintient non pas dans une verchère, mais dans une terre faisant partie d'un grand domaine. Il est vrai que le propriétaire de ce domaine a jugé à propos d'appuyer sa culture sur les moutons au lieu de l'appuyer sur les poissons, et qu'il a drainé cette terre. Tout ceci explique ce rendement magnifique. Mais si l'étang n'appauvrissait constamment l'agriculture, s'il ne multipliait les obstacles à son développement, s'il ne compromettait sa marche, ses succès, au lieu d'être une exception, ne deviendrait-il pas le régime ordinaire de la Dombes ?

C'est donc en vain qu'on nie la force productive de notre sol ; elle proteste à sa manière par des faits isolés, il est vrai, mais qui, considérés dans leur ensemble, sont un symptôme significatif de haute fertilité. Nous connaissons plusieurs domaines qui ont joui dans le temps d'une mauvaise réputation sous le rapport du rendement et qui, depuis qu'ils sont mieux tenus, présentent des améliorations remarquables. Or, ce genre de faits se répète aussi souvent que la cause qui le produit.

Nous terminerons ce chapitre en invoquant en faveur de la fertilité certaine ou probable de la Dombes des témoignages dont tout le monde reconnaîtra la valeur.

Voici d'abord celui de M. Bodin :

« La théorie et la pratique de la culture par assolement
« s'est produite et popularisée. *Le trèfle, la pomme de terre,*
« *la betterave ont envahi ce sol*, à qui on ne savait demander
« que des céréales (1). »

« Depuis plusieurs années la betterave disette est semée

***

(1) *Bulletin de la Société d'agriculture de Trévoux*, n° 12. P. 29.

« avec succès chez nous pour la nourriture du bétail.
« MM. Digoin, Greppo, Guichard, plusieurs fermiers et
« propriétaires de Villars consacrent à ce genre de culture
« une étendue considérable de terre (1). »

« Le domaine de Montribloud, ensemencé en 1837 par
« 110 doubles-boisseaux de froment et 50 de seigle, a
« rendu, en 1838, 1,270 doubles-boisseaux de froment et
« 700 de seigle, 12 et 14 pour un. Au domaine de Grange-
« Neuve, ce rendement a suivi la même proportion; le
« fermier Nallet récolte chaque année dans ce domaine plus
« de 1,500 hectolitres de pommes de terre, exclusivement
« destinées à la nourriture du bétail. On verrait dans ses
« écuries un bœuf de trois ans, né chez lui, élevé chez lui,
« ayant 5 pieds de hauteur et 6 pieds 7 pouces de rondeur.
« *Il n'y a peut-être pas dans Saint-André-de-Corcy un seul*
« *domaine dont la récolte de pommes de terre ne s'élève à*
« *plus de 500 hectolitres, et c'est être au-dessous de la vérité*
« *que d'estimer à 60 hectares le sol livré chaque année au*
« *trèfle dans cette commune.* Visitez encore l'exploitation
« de MM. Saint-Cyr à Ambérieux, Roset à Villars, Chausson
« à Civrieux, et tant d'autres que je pourrais citer, et vous
« verrez ce qu'il faut croire de la prétendue infertilité de
« notre sol (2). »

Maintenant écoutons M. Puvis.

« Le fumier se réserve spécialement pour les terres
« voisines de l'habitation dites verchères, où le fermier,
« après le froment, cultive du chanvre, du maïs, du colza,
« des pommes de terre. Le produit de ces verchères, d'une
« même nature de sol que le reste du terrain, prouve tout
« le parti qu'on en pourrait tirer si on appliquait à tout

(1) Loc. cit., n° 7. P. 39.
(2) Loc. cit., n° 12. P. 31, 32.

« l'ensemble de la ferme, la même somme relative
« d'engrais (1). »

(Notons bien qu'ici il n'est pas question de chaux pour
obtenir du blé, du colza, etc., dans les verchères.)

« Les crucifères surtout, colza, choux, navettes et raves
« paraissent beaucoup favorisés par cet amendement (de
« chaux); avec lui les légumineuses telles que le trèfle,
« les vesces d'hiver et de printemps, réussissent à souhait;
« les fourrages racines, les betteraves, les pommes de terre
« donnent d'abondantes récoltes (2). »

« Il est remarquable que pendant qu'en Bresse la chaux
« donne deux ou trois semences de plus, en Dombes elle
« produit souvent un effet double; ce qui ne peut s'ex-
« pliquer que par un sol plus profond et de meilleure
« qualité (3).

Que nous voilà loin de ces récoltes impossibles ou dou-
teuses, de cette pauvreté de production imaginées par
MM. Pichat et Casanova!

DES ÉTANGS.

> « **La dépopulation de la Dombes, son appauvrisse-**
> « **ment, la mauvaise culture, la cherté de la main-**
> « **d'œuvre sont le résultat de la création des étangs.** »
> **Puvis.** *Du desséchement.* **P. 19.**

I.

Oubli du passé observé par MM. Pichat et Casanova.

D'après l'*Examen de la question agricole*, l'étang est
le mode de jouissance le plus productif et le moins coû-
teux en Dombes.

(1) *Rapport de la Commission d'enquête.* 1840. P. 14.
(2) *Id.* P. 19.
(3) *Id.* P. 18.

Quand on entend une pareille assertion, on se demande si l'écrit qui la contient n'aurait pas été publié il y a quelque trentaine d'années, car il faut ignorer complètement tout ce qui s'est dit, tout ce qui s'est passé pendant ce temps pour s'exprimer ainsi. Ce qu'ont écrit MM. Digoin, Bodin, Puvis, Dubost, ce que les faits quotidiens témoignent encore, ne permet plus une semblable opinion. Mais ce n'est pas de ce moment que nous avons lieu de remarquer que MM. Pichat et Casanova tiennent peu de compte du passé. Ils y auraient cependant puisé des renseignements qui leur font beaucoup trop défaut. Cela nous eût évité la nécessité de revenir sur des choses qui ont été maintes fois établies et qui sont généralement reçues. A l'appui de ce que nous venons de dire, nous allons commencer par citer le passage d'un mémoire de M. Bodin, qui se trouve avoir répondu à MM. Pichat et Casanova, en répondant il y a vingt ans à M. Guerre.

« Les étangs, dites-vous, ont résolu un problème non
« moins important dans l'industrie agricole que dans
« l'industrie commerciale, celui d'augmenter le produit en
« diminuant le travail et les frais. Mais avant d'avancer
« cette proposition, avez-vous bien fait le compte du
« capital qui a dû être employé en constructions de chaus-
« sées d'étangs, de thous, de daraises, de vidanges, de
« rivières de ceinture, etc., etc. ; quant à moi, je ne serais
« pas embarrassé de citer plus de cinquante étangs dont
« le produit est loin de pouvoir payer l'intérêt du capital
« employé à leur construction. La valeur primitive du sol
« a été ainsi perdue, anéantie par cette opération impru-
« dente, dont le produit net a été un revenu en moins et
« l'insalubrité en plus. Avez-vous supputé la somme des
« frais annuels de pescelage, de réparations de chaussées,
« de curages de rivières ; ignorez-vous que ces travaux sont

« si considérables qu'ils nécessitent presque dans chaque
« commune la présence de bandes considérables d'ouvriers
« terrassiers étrangers au pays? Avez-vous fait le compte
« des gages de pêcheurs, des éventualités que présente ce
« genre de récolte? En effet, combien les mécomptes sont
« fréquents en fait de pêche! Tous les fermiers, tous les
« propriétaires vous diront qu'il n'arrive que trop souvent
« que le·rendement des étangs est de 50 pour cent au-
« dessous des prévisions (1). »

Nous le répétons, voici ce que M. Bodin écrivait il y a
vingt ans, et il n'était pas le seul à le dire. Comment se
fait-il que MM. Pichat et Casanova l'ignorent? Mais enfin,
puisque cette ignorance est constatée, nous allons essayer
de les éclairer à cet égard.

Perturbation et incurie générales produites par l'étang.

Si les étangs n'étaient cause d'aucune perturbation, soit
quant à la santé, soit quant à l'agriculture, nous comprendrions néanmoins qu'on pût dire que ce mode de jouissance
présente des bénéfices réels. Mais combien ces bénéfices
ne sont-ils pas imaginaires, nous dirons plus, combien ne se changent-ils pas en pertes, si on considère
quel énorme préjudice les 15,000 hectares d'étangs causent
aux 100,000 hectares de la Dombes? Ainsi, au lieu
de faire battre et moissonner à 1 franc 50 ou 2 francs par
jour comme chez nos voisins, nous donnons 10 pour 100
de moisson, 10 pour 100 de battage et la nourriture. En
outre la récolte est levée si précipitamment, si négligem-
ment, que le glanage ne saurait être évalué à moins de
10 pour 100. Cette évaluation ne paraîtra pas exagérée si

(1) *Bulletin de la Société d'agriculture de Trévoux.* N° 12. P. 28.

on prend garde que les glaneuses refusent de moissonner au 10ᵉ et qu'on vient glaner en Dombes de plusieurs lieues à la ronde, comme on y vient moissonner ou battre. Or, ailleurs qu'en Dombes le glanage peut-il être évalué à plus de 2 ou 3 pour 100? Ce n'est pas tout. La fièvre, cause de l'excès de ces faux frais, atteint souvent les valets de ferme; alors il faut prendre des journaliers qu'on ne trouve pas toujours, et quand on est assez heureux pour en trouver, on a double main-d'œuvre. La fièvre atteint le fermier lui-même, et alors tous les cultivateurs savent comment s'exécutent les travaux quotidiens quand le maitre ne les surveille ni ne les dirige. Nous connaissons personnellement ce qu'il en coûte dans ces deux circonstances. Ensuite les gages des valets et les prix des journées, comme de tous les travaux, sont beaucoup plus élevés en Dombes que dans les alentours. Puis la somme de travail des valets et des ouvriers est sensiblement moindre que dans les autres pays, parce que notre air morbide rend les gens lents et maladifs. Enfin, tant à cause de l'insuffisance, de la rareté des bras que du manque d'énergie, le sol est insuffisamment travaillé; la plupart des opérations reçoivent à peine la somme de travail strictement indispensable, et la culture des récoltes sarclées est fort restreinte. Les fenaisons sont comme les moissons un exemple particulier des conditions de culture onéreuses dans lesquelles se trouve le Dombiste à cause des étangs.

Chaque moissonneur est tenu de faire dans le domaine où il doit moissonner une quantité de journées de fauchaison proportionnée à l'importance de la récolte de céréales. Les moissonneurs viennent au moment des foins, fauchent ce qu'ils doivent et s'en vont, les fermiers ne les retenant pas pour se faire aider, afin d'éviter les frais élevés de journées. Cependant ils n'ont pas toujours les bras nécessaires, ou bien ils sont malades, et ils ne peuvent rentrer leurs foins en temps opportun. Voilà déjà qui est regrettable. Puis les prés sont très-imparfaitement ratelés. Cela se sait. Les femmes du pays vont glaner le foin comme elles vont glaner les épis, et une femme ramasse au moins 50 kilogrammes de foin par jour. Aussi est-il difficile d'avoir des femmes pour faner ; autre occasion de perte.

Les moissons d'avoine se ramassent avec plus de difficulté que les autres. Beaucoup d'ouvriers ont déjà pris la fièvre à cette époque ; les femmes vont travailler avec les batteuses à vapeur, et les fermiers ne se procurent les gens nécessaires pour lever leurs avoines qu'avec beaucoup de peine. Il est rare que ceux qui ont de grands ensemencements d'avoines rentrent cette récolte convenablement. Habituellement elle traine et s'égrène soit par l'effet du vent, soit par l'effet de la pluie.

Enfin il n'est pas jusqu'aux batteuses à vapeur dont les avantages ne soient ici perdus en partie. La batteuse bat promptement la récolte et permet de la mettre en sûreté d'une manière définitive. Mais la location de la machine et la main-d'œuvre des hommes et des femmes sont si élevées que les batteuses à vapeur sont beaucoup moins avantageuses ici qu'ailleurs.

Or tout cela n'est-il pas défavorable? Et l'étang, bien loin d'être un établissement utile et lucratif, n'est-il pas un fléau frappant à la fois de stérilité et la terre et le travail de l'homme? N'est-il pas vrai que tous les accidents climatériques évoqués dans l'*Examen de la question agricole* ne sont qu'un épouvantail puéril en présence de cette cause de ruine générale, permanente et inévitable? Que deviennent donc les revenus de l'étang quand on en a déduit le surplus des faux frais et des prix de main-d'œuvre, le coût des maladies et la perte produite par l'incurie générale dont il est cause?

II.

Economie de l'étang.

Maintenant que nous avons vu de quel genre de profits l'agriculture était redevable à l'étang, voyons quelle est l'économie de l'étang lui-même.

Nous n'insistons pas, disent MM. Pichat et Casanova, sur les avantages économiques du régime des étangs; personne n'ignore *qu'il est peu de systèmes agricoles où les frais d'exploitation soient moins élevés* pour une surface donnée *et plus productifs d'intérêts; où les capitaux se trouvent moins de temps engagés dans l'entreprise et soumis à l'action de moins de chances de pertes que dans le système des étangs.*

Tout le monde sait combien le régime des étangs est facile à administrer. Mais le point que nous cherchons à mettre en relief sera celui de l'engrais produit par l'action de l'évolage; cette jachère d'eau, comme l'appelait M. Puvis, qui *supprimant les frais de culture* amasse et concentre dans le sol de plus abondantes matières de fertilisation que la jachère ordinaire.

Citons de suite ce que dit M. Puvis de cette admirable jachère d'eau :

« Si nous voulons voir dans tout son jour *la conséquence*
« *du fatal assolement du sol inondé*, comparons la partie
« qui forme le plateau de la Bresse proprement dite à la
« Dombes inondée; le plateau de Bresse qui est dû à la
« même formation que celui de Dombes, que rien n'en
« sépare et qui n'en n'est que la suite, est plus argileux et,
« comme nous le verrons plus tard, par la nature de son
« sol peut-être plus insalubre que celui de Dombes; et

« cependant en ôtant 21 lieues carrées de sol inondé que
« contient encore la Bresse, elle renferme plus de
« 1,300 habitants par lieue carrée de 4,000 mètres ou de
« 1,600 hectares. Mais le sol inondé en Dombes, avec ses
« 20,000 habitants sur 60 lieues carrées, n'en a que 300
« d'une population faible, maladive, énervée, quatre fois
« moins que le plateau de la Bresse, et plus de six fois
« moins que les parties salubres de la Dombes immédia-
« tement contiguës, qui contiennent plus de 2,000 habitants
« par lieue carrée (1). »

Ainsi nous devons à la jachère d'eau d'avoir 1,000 et
1,700 habitants de moins par lieue carrée que dans les pays
qui nous joignent immédiatement !

Est-ce ainsi que cette jachère réalise les avantages que
lui attribuent MM. Pichat et Casanova?

Ne résulte-t-il pas premièrement de la dépopulation
causée par elle une dépréciation énorme de la propriété,
ou bien serait-il admissible que le sol où la lieue carrée
renferme 1,300 et 2,000 habitants n'a pas plus de valeur
que celui où elle n'en renferme que 300?

Secondement, une population de 1,300 et 2,000 habitants par lieue carrée, ne suppose-t-elle pas la production
d'une somme d'engrais devant laquelle l'engrais de la
jachère d'eau n'est qu'une véritable pauvreté?

Et enfin le travail de cette population nombreuse n'a-t-il
pas incomparablement plus d'efficacité sur la production
du sol que le repos de l'étang?

Voilà donc des résultats et des considérations tout-à-fait
propres à nous faire apprécier cette jachère d'eau, et qui
ne peuvent guère nous faire croire que le sol ne gagnerait
pas autant que la population à sa suppression.

(1) *Du desséchement des étangs* Paris, 1839. P. 9.

3

Mais voyons ce qui concerne l'économie de l'étang.

L'étang ne permet pas une prompte réalisation de revenu.

Nous avons vu que d'après MM. Pichat et Casanova la culture de l'étang permet au propriétaire de rentrer promptement dans ses fonds. Cela dépend.

Quand les propriétaires d'évolages produisent eux-mêmes leurs empoissonnages, ce qui habituellement offre un bénéfice et a lieu dans les grandes propriétés d'étangs, voici combien de temps il faut au propriétaire pour rentrer dans ses fonds.

1re année. Pose ou frai qui donne des aiguillons (tanches de l'année) ou des feuilles (carpes de l'année).

2e année. Qui transforme ces poissons en empoisonnages pour des étangs à pêcher au bout d'un ou deux ans, suivant la force de l'empoissonnage.

3e et 4e année. Pêche de poissons pour la vente.

Ainsi, depuis le moment du frai jusqu'au moment de la vente, nous avons trois ou quatre ans d'attente. Ce laps de temps, bien loin de nous paraître court, nous semble au contraire fort long, et nous ne voyons aucune récolte qui soit comparable à celle-ci sous ce rapport. Enfin en supposant qu'on achète les empoissonnages, il faut toujours deux ans ou plus pour pêcher; en quoi donc ce temps est-il plus court que celui d'une récolte de froment qui reste neuf mois sur le sol? que celui d'un pré qui reste beaucoup moins?

Maintenant le régime des étangs est-il si facile à administrer? Les frais de culture sont-ils minimes, voir même supprimés, comme le disent ces Messieurs? N'y a-t-il pas de mauvaises chances pour les piscicoles?

Qu'on veuille bien d'abord relire la petite citation que nous avons empruntée à M. Bodin au commencement de ce chapître, et ensuite constatons que l'extension de l'usage de ne mettre les étangs qu'un an en eau au lieu de deux, ne saurait faire présumer que la pêche est aussi avantageuse que l'assec, sans quoi on ne multiplierait point le retour de celui-ci. Après cela pour les chances de la récolte nous voyons tous les ans qu'une partie des pêches restent plus ou moins au-dessous de ce qu'on attendait d'elles, soit parce que les grandes chaleurs ou le manque de brochets les font tourner en pêches folles; soit parce que la pêche est surprise par la neige ou la gelée et qu'alors le poisson meurt. Pour ce qui concerne les frais de l'étang, les rats et les taupes causent des fuites d'eau aux chaussées qui peuvent amener leur complète rupture. Dans ce cas, non-seulement la réparation est très-couteuse, mais la pêche de l'étang peut en souffrir plus ou moins. Les grands vents chassent les vagues contre les chaussées, qu'elles dégradent et dépouillent des joncs et des fagots qui les défendent. Il faut donc rapporter de la terre, replanter les joncs et replacer des fagots. Enfin quand l'évolagiste n'a pas produit lui-même son empoissonnage, il faut aller chercher cet empoissonnage où l'on peut, et quelquefois, quand il fait le vent du midi, le jeune poisson est mort quand il arrive à l'étang.

Mais laissons M. Puvis compléter ce qui concerne l'économie, les frais et les chances de pertes d'un étang.

« Le produit des étangs est grandement casuel; les
« sécheresses leur ôtent leurs eaux et par conséquent em-
« pêchent le poisson de profiter; les grandes eaux entraî-
« nent le poisson, rompent les chaussées; un coup de
« tonnerre frappe de mort une partie du poisson; les grands
« hivers le font périr sous la glace; s'il s'élève un vent du
« midi chaud, il périt à la pêche, sur la boue ou dans les
« tonnettes; trop ou trop peu de brochets font manquer la

« pêche ; et puis les avoines qu'on ne peut semer que le
« 25 mars, époque où l'on doit l'assec, sont souvent prises
« par la sécheresse du printemps, ou lorsqu'il pleut un
« peu trop, noyées et opprimées par les plantes aquatiques
« que favorise l'humidité ; les produits des étangs sont donc
« beaucoup plus chanceux que ceux des terres labourables,
« et sont par là beaucoup diminués. »

« Ajoutons que leur entretien est dispendieux ; c'est
« souvent des claves à refaire, des chaussées à rehausser,
« recharger et fagotter, des thous et des daraises à entre-
« tenir à grands frais et à renouveler tous les 25 ans ; des
« des rivières de ceinture à faire et à entretenir ; toutes les
« dépenses sont nombreuses, positives et nécessaires, et
« les produits aventureux ; enfin l'économie des étangs est
« difficile ; il est peu d'hommes qui l'entendent bien, ce
« qui ajoute encore des chances de perte (1). »

Ainsi voilà ce que disait M. Puvis, comme M. Bodin il y
a vingt ans ; voilà ce qui se passe tous les jours sous nos
yeux ; — et cependant MM. Pichat et Casanova proclament
l'économie et la sûreté des produits de l'étang, comme la
facilité de sa gestion. Quand donc nous sera-t-il permis
d'espérer qu'on ne remettra plus en question pour les étangs
des faits acquis et dûment constatés ?

III.

L'étang producteur d'engrais.

MM. Pichat et Casanova comparent ensuite l'étang et le
pré sous le rapport de la production du fumier et arrivent
à une conclusion qui est en complet désaccord avec la

---

(1) *Rapport de la commission d'enquête.* P. 48 et 49.

vérité. Nous admettrons la supposition la plus favorable à l'étang, soit que l'évolage produit une somme totale de fumier de 7,600 kilogrammes, ou 3,800 kilogrammes par an.

Pour que la comparaison soit juste il faut admettre que le pré qui sert de point de comparaison est établi à la place d'un étang. Or, dans ce cas, le pré étant apte à profiter des engrais qui arrivent des terres supérieures mettra à profit ces 3,800 kilogrammes d'engrais annuels, en sorte qu'il ne sera pas nécessaire de distraire une part de son produit pour l'affecter à son entretien. Voilà donc que le pré est déjà supérieur à l'étang sous le rapport de l'utilisation de l'engrais, car le pré le met immédiatement, directement à profit, tandis qu'avec l'étang il faut l'année de culture en assec pour profiter de cet engrais.

Maintenant, abordons un autre point de vue. Quelles sont comparativement les quantités d'engrais produites d'une part par l'étang et de l'autre par le pré, et pouvant s'employer sur d'autres sols?

Lorsque l'étang a donné sa culture d'assec, il y a eu du grain qu'on a vendu, plus 1,800 kilogrammes de paille. En outre, la brouille a bien pu produire environ 400 kilogrammes de fumier. La paille valant son équivalent en fumier, nous avons 1,800 kilogrammes d'un côté et 400 de l'autre, soit 2,200 kilogrammes d'engrais que nous pouvons répartir sur les terres, à raison d'environ 750 kilogrammes par an.

Le pré, d'après les estimations de ces Messieurs, produit 3,000 kilogrammes de foin et 1,000 kilogrammes de regain. Ces 4,000 kilogrammes de fourrage représentent 8,000 kilogrammes d'engrais dont on pourra disposer annuellement pour d'autres sols.

Et MM. Pichat et Casanova nous disent : « On voit com-

« bien est faible la différence qui existe entre la prairie et
« l'étang en les considérant seulement comme producteurs
« d'engrais. »

Mais non ! Nous ne voyons pas cela du tout. Nous voyons
au contraire que la différence est énorme et qu'elle est
toute à l'avantage du pré. Que serait-ce si, en outre, nous
entrions dans les considérations suivantes indiquées par
M. Dubost (1) :

« Dans l'économie de la production agricole, le rôle des
« vallées est vraiment un rôle admirable. Par les végétaux
« qui la couvrent, la prairie soutire à l'air et aux eaux
« pluviales leurs éléments de fertilité, et les rend, sous
« forme de fourrages et finalement de fumiers, aux terres
« arables dont l'épuisement est sans cesse sollicité par les
« cultures industrielles et par les récoltes de céréales.
« Les prairies forment donc un des anneaux de la chaîne
« de composition et de décomposition à laquelle, dans ces
« dernières années, on a donné le nom de *circulus*. La
« substitution des étangs aux prairies rompt violemment
« cet anneau et brise cette chaîne. Ce n'est plus la vallée
« qui devient tributaire du plateau ; ce n'est plus elle qui
« emprunte la fertilité à ses réservoirs naturels et la verse
« incessamment, au fur et à mesure de sa formation, sur
« les terres arables qui l'utilisent ; c'est le plateau qui
« devient tributaire de la vallée, et qui, non content de
« s'épuiser incessamment sous l'action de la culture, verse
« encore à la vallée, sans profit pour elle et sans compen-
« sation pour lui, tous les éléments fécondants entraînés
« ou dissous par les eaux pluviales. Le régime des étangs
« a donc pour résultat de troubler l'ordre naturel des
« choses ; et alors même que la Dombes aurait, en dehors

(1) *Etudes agricoles.* P. 198 et 199.

« de ·ses étangs assez de prairies et de fumiers pour la cul-
« ture de ses terres, ses étangs ne cesseraient de créer
« pour elle une situation dangereuse et pleine de périls :
« une foule de richesses continueraient à s'engloutir dans
« leur bassin. »

IV.

Les auteurs de l'*Examen de la question agricole*, consta-
tant l'heureuse position des étangs qui leur assure annuellement un apport régulier d'engrais, attribuent à leur sol,
à raison de ce fait, une valeur beaucoup plus élevée que
celle des autres terres. Il est bien vrai que cela fut et que
cela devrait être. Mais depuis cinquante ans les choses ne
changent pas à l'avantage de l'étang, ce dont ces Messieurs
ne paraissent point se douter. Il suffirait cependant de se
rappeler que la plupart des étangs qui se vendent aujour-
d'hui offrent une baisse remarquable sur leur dernier
prix d'achat.

M. Dubost nous apprend (1) que 916 hectares d'étangs
ont été licités depuis 1856, au prix moyen de 690 francs
l'hectare. Est-ce là ce que MM. Pichat et Casanova appellent
un prix élevé? Mais toutes les terres qui avoisinent les
villages valent 1,000 à 2,000 francs; les prés vont à
3,000 et au-dessus. Et nous ne parlons ici ni de Chalamont
ni de Châtillon, où ces prix doublent.

Du reste, si on se rend compte de ce qu'ont rapporté les
étangs et de ce qu'ils rapportent aujourd'hui, il est facile de
comprendre que le revenu de cette culture s'étant de beaucoup amoindri, les terrains ont dû perdre beaucoup de leur

(1) *La question de la Dombes et le rapport du conseil général de l'Ain.*
Lyon, 1860. P. 12 et 13.

valeur. Même avec les charges dont l'étang les grève, il est beaucoup de terres qui rendent plus que les étangs ; elles sont susceptibles de progrès, et quoiqu'elles ne puissent le réaliser qu'avec lenteur et difficulté, elles marchent en avant, tandis que l'étang reste stationnaire et perd de sa valeur à mesure que celle des terres augmente. Il est donc peu de saison de parler de la plus-value de l'étang.

Cela devient encore plus évident si l'on songe que, outre l'heureuse position des étangs occupant la plupart des thalwegs de la Dombes, c'est-à-dire les meilleurs sols, ils doivent encore représenter la valeur des frais de leur établissement. Or, M. Puvis (1) estime ces frais en moyenne à 300 francs par hectare. Cette estimation n'est point arbitraire : elle est basée en particulier sur les données fournies par M. Greppo, qui établissent que dans la seconde moitié du XVIIIe siècle on a établi ou réparé pour 1,606,000 francs d'étangs dans les 45 communes inondées de la Bresse, ce qui a couvert plus de 7,000 hectares d'eau au prix moyen de 225 francs par hectare, prix qui s'élève aujourd'hui à 300 pour une semblable opération.

Ainsi, la valeur des terres étant de 600 francs en moyenne et les frais de la création de l'étang évalués à 300 francs, il est évident que l'étang devrait aujourd'hui valoir plus de 900 francs, puisqu'il occupe des terres de première classe. Si donc il vaut moins, c'est qu'il est en voie de décadence, c'est que sa plus-value s'en va, ou plutôt qu'elle s'en est allée.

(1) *Rapport de la commission d'enquête.* P. 32.

V.

De la Brouille.

Il y a encore un produit de l'étang qu'on a fort vanté et que MM. Pichat et Casanova n'ont pas oublié. Ces Messieurs évaluent cette production de l'étang à 400 kilogrammes valeur en foin sec par hectare et par an. D'autres l'ont évalué plus haut. Mais cette brouille, pendant les deux ou trois mois qu'elle est pâturée, donne-t-elle bien ce rendement? Voyons-nous que le bétail qu'on soumet à cette pâture présente les apparences d'un bétail bien nourri? Ne porte-t-il pas au contraire le stigmate de la faim? Ne reproche-t-on pas à nos chevaux leur tempérament mou et lymphatique? Nous avons entendu bien des personnes se plaindre de ce défaut du cheval dombiste et l'attribuer aux étalons qui couvraient les juments. Mais de bonne foi croit-on que nous aurons de bons chevaux avec le régime de la brouille? Les élèves qui produisent des ventes lucratives ne vivent pas que de l'étang ; ils y vont pour ainsi dire comme mesure hygiénique, et reçoivent à l'écurie un ordinaire de foin qui assure leur développement dans des conditions normales. Quant aux autres chevaux d'étangs qui ne sont pas l'objet d'une semblable précaution, ils présentent, devenus adultes, des formes satisfaisantes, mais ils ne sont ni assez vifs pour trotter, ni assez puissants pour servir de chevaux de trait, ils n'ont en un mot guère d'autres qualités que leur tempérance.

Pour les bêtes à cornes, c'est en vain que comme supplément à la brouille on les promène le long des chemins, dans les terrains vagues et dans les bois, que l'on convertit ainsi peu à peu aussi en terrains vagues. Nos bois s'en vont sous la dent du bétail ; tous les ans on en livre à la culture qui ne présentent plus que des fougères, des genets et quelques baliveaux rabougris. Les bois figurent cependant sur nos matrices cadastrales les uns comme futaie, les autres comme taillis. A leur tour les récoltes subissent des dégâts quotidiens. Ces circonstances, l'état du bétail et sa rente ne permettent donc pas de croire que la brouille est une ressource sérieuse et importante ainsi que cela a été dit, écrit et répété. Une comparaison va rendre ceci évident.

On parle des pâturages du Charolais, de la Suisse, de l'Auvergne, du Jura. Mais tous ces pays, ou sous le rapport de la viande, ou sous le rapport du lait, ont des races qui supportent l'examen. Mais la nôtre? Faisons-nous de la viande? ou du lait?

Il y a eu récemment un concours régional agricole à Bourg. Combien la Dombes a-t-elle remporté de prix pour son bétail dombiste? Dira-t-on qu'elle n'a pas concouru? C'est vrai. Elle y a été fort engagée cependant. *Mais elle n'a pas pu.*

Est-ce à dire que la brouille n'a absolument aucune valeur? Non. Seulement on l'a énormément surfaite, afin sans doute de faire oublier combien elle augmente les dispositions insalubres de nos étangs. Nous espérons toutefois qu'il demeure bien acquis que la brouille a joui d'une réputation imméritée et que les faits démentent sans trop de ménagement.

VI.

Le desséchement amènera-t-il quelque perturbation parmi la population?

Dans le chapitre intitulé : *Considérations générales et conclusions*, MM. Pichat et Casanova invoquent en faveur des étangs un argument dont la réfutation trouve naturellement ici sa place. Ces Messieurs craignent que la suppression des étangs n'amène une profonde perturbation parmi les petits propriétaires, un dérangement tel que ces petits propriétaires n'en viennent à quitter la Dombes en masse, à un *exode* désastreux, comme disent ces Messieurs.

Comme ce qui précède, ces appréciations dénoncent une absence fâcheuse de connaissances locales et un oubli complet du passé comme des faits actuels.

D'abord si le petit propriétaire tel que l'ont conçu MM. Pichat et Casanova n'est pas un mythe en Dombes, il y est du moins assez rare. Les gens qui ont de petites propriétés ici ne sont guère possesseurs de pies d'étangs. Ces pies dépendent presque toutes des grands domaines. Il y a au Plantay dix-huit propriétaires grands ou petits, résidant dans la commune ; de ces dix-huit propriétaires, cinq ont des pies d'étang, mais aucun de ceux-là n'est petit propriétaire. La plus petite des cinq propriétés se compose de 20 à 25 hectares. En sorte *qu'aucun de nos petits propriétaires n'a de pies d'étangs.* Le petit propriétaire possède des verchères, et non du terrain d'étang qui ne lui payerait pas ses journées au prix qu'il en trouve soit à travailler les verchères, soit à travailler pour autrui. En outre, ces petits propriétaires ne sont pas considérés et ne se considèrent pas du tout *comme de pauvres gens,* comment le font ces Messieurs. Il y a en effet au-dessous d'eux la classe des petits fermiers appelés *locataires* et celle des journaliers, lesquels n'ont une habitation, de la terre, un jardin, que moyennant une location. Ceux-là, on pourrait bien les appeler pauvres gens, quoique leur travail soit plus rémunérateur ici qu'ailleurs. Mais MM. Pichat et Casanova ne les ont point mis en cause, nous les laisserons donc aussi, et nous n'avons à admirer la philanthropie de

MM. Pichat et Casanova que pour ce qui concerne les petits propriétaires de pies d'étangs. Mais là où on en trouve, ils forment justement, avec les gros fermiers, la classe aisée de la Dombes. Ces Messieurs n'auraient-ils point accordé un peu trop à leur imagination et pas assez à la stricte vérité?

Et fussent-ils dans le vrai, le petit propriétaire eût-il des droits de brouille, nous croyons avoir indiqué suffisamment tout ce que ces avantages ont de fabuleux pour qu'on ne puisse plus appuyer sur leur perte éventuelle. Enfin qu'il y ait suppression générale ou non des étangs, ces Messieurs ignorent-ils que la loi sur la licitation des étangs fonctionne tous les jours, et que ces petits propriétaires seraient atteints quand même le desséchement ne serait pas général? Qu'on ne dise pas que la licitation et la suppression sont deux choses distinctes. Pour le petit propriétaire ce serait tout un. Que lui importerait que l'étang fût ou non desséché, puisqu'il perdrait également ses droits de brouille? Le Grand Biricux, Glareins, les Vavres (Marlieux), Remondet (Chalamont), et tant d'autres, combien ont-ils de propriétaires? Un. Or ces étangs n'ont qu'un propriétaire par le fait de la loi sur la licitation. On aurait donc eu tort de faire cette loi?

Ainsi MM. Pichat et Casanova ne savent pas ou ne veulent pas savoir que cette loi est en vigueur; qu'elle répond à un besoin impérieux et général, et qu'elle met fin à un des plus fâcheux modes d'existence de la propriété. Ces Messieurs prisent-ils donc beaucoup cet enchevêtrement prodigieux des propriétés si opposé à tout progrès, ces entraves que ce nombre multiplié des possesseurs d'un étang apporte à une bonne culture, ainsi que les croisements, les tiraillements d'intérêts divers et opposés qui sont la suite de cet état? Jusqu'à présent on considérait que la loi sur la licitation des étangs qui mettait fin à ce triste état de choses était à la fois une nécessité et un bienfait. Mais à la manière dont ces Messieurs envisagent le desséchement, il est permis de croire ou qu'ils ne connaissent pas cette loi ou qu'ils la réprouvent.

Mais MM. Pichat et Casanova ne comptent donc pour rien la santé, la vigueur, la sécurité, le bien-être que le retour de la salubrité apportera aux travailleurs en échange de droits assez illusoires hypothéqués sur la brouille? Ils croient donc que ces travailleurs seront tout-à-fait indifférents à une amélioration si considérable, et qu'ils comptent leur santé pour si peu? Actuellement la perte des droits de brouille pour cause de licitation se trouve sans compensation, la licitation n'entraînant pas le desséchement. Au contraire la supression de l'étang aurait pour conséquence le rétablissement de la salubrité. Ainsi dans les circonstances actuelles le petit propriétaire n'a donc qu'à gagner à la suppression.

Quant à avoir à craindre un exode, la suppression des étangs s'effectuant, jamais crainte ne fut plus imaginaire. Nous n'avons pas d'autre exode à craindre que celui qui a lieu tous les jours au cimetière. Celui-là est sérieux; il n'est pas à venir, il existe, et voila au moins quatre cents ans qu'il dure. Pour ce qui est d'un autre genre d'exode, nous allons voir comment il est possible.

Toutes les populations qui environnent la Dombes se dirigent, se pressent sur elle, l'envahissent et quelquefois la pénètrent jusqu'au centre. Ainsi dans les localités qui sont dans la première région des étangs, comme Condeissiat, Châtillon, Dompierre, Servas, je cite au hasard sur la ligne, on voit les Bressans s'emparer de toutes les fermes et les gens du pays se replier sur le centre. Pourquoi-cela? Parce que les Bressans venant d'une contrée bien cultivée, où le loyer du sol est très élevé, ne craignent pas de donner de plus hauts prix de ferme que les gens du pays. Ceux-ci déplacés se rapprochent du centre de la Dombes, où ils déplacent à leur tour d'autres fermiers par un procédé analogue. Alors on voit de gros fermiers devenir locataires et quelquefois journaliers. En présence de pareilles circonstances, comment et pourquoi un exode pourrait-il s'opérer pour la Dombes? Parce qu'il n'y aura plus d'étangs? Y en aura-t-il ailleurs? Et puis comment des gens évincés de leur ferme, parce qu'ils n'ont pu les payer le même prix que les immigrants, iraient-ils dans le pays de ces immigrants où le prix des fermes est le double plus élevé qu'ici, et où le genre de culture est si différent de celui auquel ils sont accoutumés? Dans les circonstances actuelles nous voyons les fermiers mal placés, rester parce qu'ils espèrent une meilleure ferme, et les journaliers parce que le prix de la main-d'œuvre est beaucoup plus élevé ici qu'ailleurs. Ainsi le bas prix du sol et le haut prix de la main-d'œuvre, telles sont les causes de l'immigration incessante qui alimente la Dombes. Les effets de l'étang provoquent cette immigration. Mais les immigrants sont loin d'arriver en Dombes altérés, séduits par l'étang.

En présence de pareils faits, n'avons nous pas raison de dire qu'il n'y a que l'exode au cimetière qui soit à craindre? Car enfin, jusqu'à ce jour, que sont devenus, où sont allés tous ces immigrants, toute cette population indigène qui s'accumulent en Dombes? Ils n'ont pas pu en sortir, il n'en sont pas sortis, tous y sont donc, les uns debout, les autres enterrés.

Et quoi qu'en ait dit M. Marion, la statistique reste là accusatrice, accablante, inexorable, et qui témoigne que ces faits, loin de pouvoir être le produit d'une imagination fantasque ou fiévreuse, ou d'une réthorique mal placée, ne sont que l'expression effrayante et rigoureuse de la vérité.

VII.

Des Carats.

MM. Pichat et Casanova ayant écrit la page si philan-
thropique dont nous venons de nous occuper sur une
espèce de petit propriétaire qui n'existe guère, nous ne
doutons pas qu'ils ne reportent leurs bons sentiments sur
les enfants de ferme appelés *carats*, dont nous allons les
entretenir. Voici ce que M. Puvis a écrit à leur égard :

« La Commission doit déposer ici un renseignement
« *donné par un grand nombre de personnes recomman-*
« *dables*, mais qu'elle n'exprime pas sans un sentiment
« pénible ; les bestiaux sont conduits dans les pâturages
« par des enfants de 12 à 18 ans ; ces malheureux, après
« avoir passé la journée aux travaux de la ferme, le soir
« prennent un morceau de pain dans leur poche et con-
« duisent au pâturage les bêtes de travail qui ont fini la
« journée ; là par tous les temps de pluie, de froid, d'orage,
« sans abri, enveloppés quelquefois d'une mauvaise cou-
« verture, ils passent la moitié de la nuit couchés sur le
« sol ; en rentrant ils trouvent la porte de la maison
« ouverte, et vont réparer leur fatigue avec une écuelle
« de soupe froide qui leur a été laissée ; ils gagnent à la
« fin leur lit dans lequel, avant cinq heures du matin, ils
« sont éveillés pour recommencer le travail de la journée.
« On plaint avec raison les nègres des colonies, on s'api-
« toie sur le sort des enfants employés dans les manu-
« factures ; mais sont-ils donc aussi malheureux que ces
« pauvres enfants de notre pays ? Aussi leur mortalité est
« effrayante ; M. Rivoire, longtemps maire et juge de paix
« à Chalamont, en confirmant tous ces détails, attribue en
« grande partie à ce malheureux emploi des enfants le

« petit nombre de conscrits de chaque année dans son
« canton. Lorsque ces enfants ne succombent pas aux
« atteintes successives des fièvres, ces maladies ne leur
« laissent qu'une existence courte et malheureuse. Une
« partie des enfants du pays a passé par ce terrible appren-
« tissage, c'est là une grande cause de la faiblesse de la
« population.

« Mais cette consommation d'enfants ne porte pas tout
« entière sur ceux du pays, les fermiers dispensent, quand
« ils le peuvent, les leurs de ce rude métier ; les enfants
« pauvres de Bourg et des environs, attirés par l'appât
« d'un gage plus fort, vont se faire décimer par ce régime
« et ce climat, et viennent mourir dans les hôpitaux ou
« dans leur famille (1). »

M. Puvis écrivait cela en 1840, c'est donc de l'histoire
ancienne, cependant ces faits sont à peu près les mêmes
aujourd'hui, c'est donc aussi de l'histoire moderne ; mais
il paraît qu'elle est peu connue. Voici quel est le régime des
carats de nos environs. Dès que les bœufs sont dételés à
la fin du jour, les carats se hâtent d'aller à la ferme, ils y
avalent une assiette de soupe, prennent du pain et vont
au pâturage où les bœufs sont gardés par quelqu'un jusqu'à
leur arrivée. Là ils ont habituellement une couverture,
plus un peu de paille sur le sol, quelquefois même un
abri en paille, ouvert il est vrai, mais qui suffit contre la
pluie. Ils restent ainsi jusqu'à onze heures, puis rentrent
leurs bêtes et vont se coucher. A trois heures du matin
ils reconduisent leurs bœufs aux pâturages jusqu'à cinq ou
six heures, moment du déjeûner et de l'ouverture des
travaux. L'époque de ces pâtures nocturnes est précisément
celle de la fièvre. Inutile de faire ici des commentaires.

(1) *Rapport de la commission d'enquête.*

Maintenant ou les bœufs sont surveillés, et alors le carat ne dort pas, ou il dort, et les bœufs, n'étant pas gardés, vont ravager les récoltes voisines. Quelquefois ils errent ainsi toute la nuit, et, le matin venu, toute la ferme se met à la recherche des bœufs perdus. Nous avons nous même reçu plusieurs fois de cette façon la visite onéreuse des bœufs de certains voisins, lesquels finissaient par les retrouver chez nous.

Nous ne pensons pas qu'il soit nécessaire de nous appesantir sur un régime si fort opposé à tous les préceptes de la morale et à tous principes d'économie. Nous ferons remarquer que les fermiers eux-mêmes voudraient pouvoir s'en dispenser. Mais pour cela il faudrait avoir du fourrage pour nourrir les bêtes à l'étable, c'est-à-dire il faudrait avoir des prés au lieu d'avoir des étangs. Or, à la manière dont on envisage la suppression de ces derniers, il n'est pas à présumer que ce changement arrive de sitôt, du moins volontairement. Si donc les étangs ne sont pas supprimés les carats continueront à aller au champ la nuit comme par le passé, et la morale continuera à être sacrifiée.

VIII.

Résultats certains de la suppression des étangs.

Maintenant que nous connaissons la Dombes des étangs, essayons de nous représenter une Dombes sans étangs. Au moyen d'un petit effort d'imagination, considérons ce que sera ce pays vingt ans, cinquante ans après que les étangs auront disparu.

La salubrité règne sur tous les points. La population s'est rapidement accrue ; elle est forte, valide, abondante. Tous les travaux s'exécutent dans de bonnes conditions.

Les prés qui ont remplacé les étangs, une culture de plantes
fourragères étendue, le progrès enfin, produisent partout
l'engrais nécessaire au sol. Avec ces bras, cette vigueur,
ces travaux bien faits et multipliés, ces engrais, l'économie
partout possible, la Dombes ne sera-t-elle pas à un haut
degré riche, fertile et heureuse? Or, en faisant cette supposition, ne faisons-nous qu'un château en Espagne?

Eh bien, écoutons plutôt M. Puvis :

« Le plateau de la Bresse qui est dû à la même formation
« que celui de Dombes, que rien n'en sépare, et qui n'en
« est que la suite, est plus argileux, et comme nous le
« verrons plus tard, par la nature de son sol peut-être
« plus insalubre que celui de Dombes (1). »

Et plus loin : « Le plateau de Bresse était aussi, il y a
« deux siècles, couvert d'étangs; sa population et ses pro-
« duits n'étaient guère supérieurs à ceux de la Dombes;
« mais ils ont été desséchés sur les 5/6 de son sol; *aussi*
« *depuis tous les produits nets de cette partie ont au moins*
« *triplé, et les baux qui les représentent au moins quin-*
« *tuplé.* »

Maintenant, ceci est-il clair? Est-ce positif? Notre château en Espagne est-il irréalisable?

IX.

En somme, contrairement aux assertions de MM. Pichat
et Casanova, nous avons constaté :

1° Que l'étang n'offre ni plus de sûreté, ni plus d'économie, ni plus de rente qu'un autre mode de culture; que
non seulement il a l'inconvénient d'être stationnaire et non
susceptible de progrès, mais qu'il a le tort capital de porter

(1) *Du dessèchement des étangs.* P. 10.

un préjudice énorme à toutes les autres cultures, en sorte que les pertes qu'il leur fait subir non seulement absorbent tous ses bénéfices possibles, mais encore sont une cause inévitable et permanente de ruine.

2° Que le pré remplaçant l'étang utiliserait l'eau aussi bien que l'évolage et fournirait annuellement de 6 à 8,000 kilogrammes d'engrais par hectare, tandis que l'étang n'en fournit que 700 kilogrammes.

3° Que le sol de l'étang a une valeur décroissante et non en rapport avec sa qualité, tandis que les terres non inondées ont au contraire une valeur croissante et plus grande à proportion que celle de l'étang.

4° Que la supposition d'un exode causé par la suppression des étangs *est absolument chimérique*.

5° Que la valeur attribuée jusqu'à ce jour à la brouille est démentie par l'état et la rente du bétail qui s'en nourrit.

6° Qu'aussi longtemps que l'étang occupera la place des prés, toute amélioration agricole est impossible en Dombes, surtout pour ce qui concerne le régime des *carats*.

7° Enfin, que la partie de la Bresse assainie, dont le sol est moins fertile que le nôtre, prouve à quel degré de valeur et de fertilité la Dombes peut prétendre, dès qu'elle sera délivrée de ses étangs.

TRANSFORMATION CULTURALE.

Revenons à MM. Pichat et Casanova.

Il semble au premier abord que la publication de M. Nivière, *la Dombes, ou l'eau et l'herbe*, doit nous dispenser de nous occuper de ce chapitre. Cependant, comme nous avons examiné tout ce qui précède de la publication de

MM. Pichat et Casanova, il convient aussi de joindre l'étude de ce chapitre à celle des autres, d'autant plus que les procédés proposés par ces Messieurs donnent lieu à des observations dont la gravité n'échappera à personne. Il est en outre indispensable de comparer leur plan de transformation de l'étang à celui de M. Nivière, afin que chacun puisse les apprécier.

I.

Dans leur système de transformation, MM. Pichat et Casanova admettent qu'il est possible de transformer immédiatement, après une jachère de deux ans et sur les fonds d'étangs, un cinquième de ces fonds en prairies chaulées mais non fumées, la richesse du sol n'exigeant pas de fumure. Les quatre cinquièmes restant donneront une récolte d'avoine tous les quatre ans et seront ensemencés en pâturage en même temps qu'en avoine ; puis cette dernière récolte levée, ils resteront trois ans en pâturage. Chaque fois que le moment de rompre le pâturage sera venu, on en prendra une portion qui sera transformée en pré après jachère, chaulage et fumure, et l'on continuera ainsi jusqu'à complète transformation des étangs en prés.

Les pâturages et les fourrages seront utilisés au moyen des moutons.

Il faudra vingt ans pour arriver à la complète transformation des étangs en prés, et au bout de ce temps on aura pour cinq hectares un découvert de 4,495 francs, plus une perte de 5,300 francs représentant la suppression de l'évolage, soit un total de 9,800 francs pour 5 hectares, ou 1,960 francs par hectare. A cette époque, toujours d'après les auteurs, les prés vaudront 1,200 francs l'hectare et produiront, tous frais quelconques payés, un bénéfice de 9 francs par hectare.

Ces résultats sont tellement chimériques que nous pourrions nous dispenser d'en démontrer l'impossibilité. Mais la position officielle des auteurs, en donnant à leur travail une importance exceptionnelle, nous oblige à signaler à quel genre de crédit ce travail a droit.

MM. Pichat et Casanova emploient un moyen aussi ingénieux que singulier afin de déprécier la mesure du desséchement. Ils estiment que le fond de l'étang, par suite de la suppression de l'évolage, ne vaut plus que 300 francs l'hectare, et c'est sur ce chiffre qu'ils calculent la vente du sol. Autant vaudrait dire de suite que le sol ne vaut plus rien, c'eût été tout aussi vrai, et c'eût été plus sommaire. Pour accepter cette incroyable évaluation, il faudrait admettre avec ces Messieurs :

Que l'étang ne fait pas partie et ne peut faire partie d'un corps de ferme, ce qui est tout-à-fait en désaccord avec l'ordre de chose existant ;

Que les bâtiments (et quels bâtiments !) les prés et les verchères (qui occupent 12 pour 100 de la superficie totale), forment les 4/7 de la valeur de la Dombes ;

Que le sol de l'étang desséché vaudra moins que le sol des terres ordinaires qui vaut 600 francs avec ou sans corps de ferme ;

Que le sol de l'étang est supposé ne rien rendre pendant les deux années qui étaient affectées à l'évolage avant la suppression ;

Enfin que la culture progressive et variée applicable à l'étang desséché ne sera pas plus avantageuse que la culture invariable du poisson et de l'avoine.

Non-seulement nous ne pouvons admettre ces évaluations et appréciations tout-à-fait neuves, mais nous avouons que nous avons toute la peine du monde à nous persuader que ces Messieurs eux-mêmes en aient bien compris toute la portée.

Nous estimons donc qu'il est impossible d'assigner au sol une valeur moindre que celle qu'il a réellement, soit de 700 francs à l'hectare, et la suite de ce travail nous confirmera dans cette opinion. Par suite, la perte de 5,300 francs supposée par MM. Pichat et Casanova doit être considérée comme complétement fictive. Mais il reste encore à ces Messieurs un découvert de 4,495 francs pour frais de culture de 5 hectares, soit 900 francs par hectare.

Or il n'est pas possible que ce découvert provienne des cultures d'avoine alternées avec des pâturages, car déduction faite de tous frais, et en comptant la rente du sol sur un capital de 700 francs par hectare, cette culture présente au bout de chaque période de quatre ans un bénéfice de 50 francs 80 par hectare.

Ce découvert ne peut pas davantage provenir des prés dont le prix d'établissement des cinq hectares proposés par MM. Pichat et Casanova est en moyenne de 702 francs d'une part, et les frais d'établissement, d'entretien et de récoltes réunis forment un total de 6,314 francs 25 au bout de 19 ans, tandis que le revenu indiqué par ces Messieurs est de 6,809 francs 60. — Il y a donc un excédant de recette de 495 francs 35.

N'oublions pas que nous avons compté la rente à raison de 700 francs et non de 300 francs, comme MM. Pichat et Casanova, ce qui aurait dû accroître le découvert.

Maintenant remarquons encore que ces Messieurs, arrivés à la 19e année d'opération de transformation, prétendent qu'alors non-seulement ils ont un découvert de 4,495 francs mais qu'ils n'ont rien retiré des 5 hectares pendant tout ce temps.

Ainsi, pour créer 5 hectares de prés, on a perdu la rente du sol pendant 19 ans, plus 4,495 francs !

Nous n'avons pas encore connu de fermiers capables de créer des prés dans ces conditions.

Mais encore une observation sur la création des prés.

Ces Messieurs reconnaissent dans une note (P. 51) qu'il est possible que la création des prés soit accomplie dès la 14ᵉ année. Mais ils supposent qu'il y a lieu à retarder cet établissement. La principale raison qu'ils en donnent, c'est que les rives d'étang étant moins fertiles que le reste, il faudra attendre plus longtemps pour qu'elles soient dans le degré de fertilité convenable à un pré.

Cette observation serait fort juste si l'étang restait toujours inondé ; elle ne l'est plus dès qu'il cesse de l'être. Dès ce moment cette partie de l'étang n'étant plus lavée par les vagues ne perd plus l'engrais qu'elle reçoit directement des terrains supérieurs, en sorte que tout ce qui se trouve sur l'emplacement des rives donnera plus de foin que ce qui est au centre de l'étang. Du moins c'est ce que nous avons vu dans des étangs mis en pré, lorsque les rives de ces étangs n'étaient pas isolées des terres voisines par un canal de ceinture.

Ensuite la pratique ne permet guère un semblable aménagement. Les rives sont réparties tout autour de l'étang, sauf contre la chaussée du thou. On est donc obligé de mettre ces rives en pré à mesure qu'on met en pré la portion contiguë qu'elles bordent. Autrement, pourra-t-on faire paître les moutons sur ces rives sans qu'ils envahissent la partie du pré attenant? Et comment établir le parc proposé sur ces lisières? Il y a donc à la fois motif de transformer les rives en même temps que le reste de l'étang, et impossibilité de faire différemment. La transformation totale de l'étang sera donc opérée dès la 14ᵉ année.

MM. Pichat et Casanova, parvenus à la complète transformation de l'étang en pré, prétendent que le bénéfice net et annuel d'un hectare de pré sera alors de 9 francs, et la valeur de son fonds de 1,200 francs.

Mais comment font donc tous ceux qui louent des prés en Dombes 100, 150 francs l'hectare et au-dessus, et qui ont à ajouter à ce prix les frais de récolte, d'entretien et de fumure? Mais comment se fait-il que nos prés, au lieu de valoir 1,200 ou 1,400 francs, en valent déjà 2,000 et plus, tout mauvais qu'ils soient?

II.

Voici comment MM. Pichat et Casanova organisent l'établissement et l'économie de leurs moutons :

Le mouton d'estivage destiné à tirer partie du pâturage pendant la belle saison coûtera d'achat. . . . . 20f. »» c.

De frais de bergers et divers. 3 60

De frais de parc et de bergerie. 2 50

De nourriture, 144 kilog., valeur foin à 4 fr. 5 75

Total. 31 85

Il vaudra :

Vente . . . . 24f. »» c.

Engrais épandu 288 kil. à 12 fr.   3 45

27 45

Perte. . . . . . . 4f. 40 c.

Ces 4 francs 40 défalqués de 5 francs 75 qui représentent le prix total de la nourriture de ces moutons, ne laissent que 1 franc 35 pour payer cette nourriture, c'est-à-dire que le foin est vendu 94 centimes les 100 kilogrammes.

Or, **MM.** Pichat et Casanova prétendent qu'ils vendent le foin 4 francs. Voilà déjà une erreur notable.

Les moutons d'hivernage coûtent d'achat. .	18 f.	»» c.
Frais de berger et divers.	3	60
Bergerie	1	50
288 kilog. de foin à 4 francs.	11	50
Total.	34	60

Ils rendent, vente. . . . . 22 f. »» c.			
Laine 4 80	}	32	55
Fumier, 576 kilog. à 10 fr. . . 5 75			
Perte.		2	05

Les moutons d'hivernage ne payent donc pas non plus leur foin 4 francs, mais bien 3 francs 28. Deuxième erreur.

Ici se présentent plusieurs observations.

Premièrement, ces Messieurs ont pour l'estivage un nombre de moutons fort différent de celui de l'hivernage, en sorte qu'il n'est pas permis de supposer que le troupeau d'hivernage passera à l'estivage ou le contraire, parce que les pâturages sont loin de pouvoir nourrir le même nombre de moutons que le foin des prés, dès qu'il y a 2 hectares de prés créés. Il faudra donc opérer sans cesse des ventes et des achats, ce qui multipliera les frais. Ces Messieurs s'en sont tirés en chiffrant sur la moyenne des moutons donnée par l'hivernage et l'estivage. Mais le fermier pourra-t-il s'en tirer aussi lestement? C'est fort douteux : la pratique est plus difficile à satisfaire, et elle est loin d'admettre tout ce que le papier accepte de la théorie; aussi nous ne croyons guère le procédé de MM. Pichat et Casanova praticable.

Secondement, ces Messieurs ont proposé d'établir un pâturage sur l'étang. Ce pâturage conviendra-t-il aux moutons? Mais nous voyons que généralement, une fois que la récolte de l'assec est levée, les étangs se couvrent de certaines plantes qui s'emparent du sol, et qui ne sont pas agréables au bétail. La persicaire, que les paysans appellent *blosset*, occupe particulièrement les parties fraîches de l'étang; la *bidens tripartita*, dont la graine est connue sous le nom de chèvre et s'attache au poil des animaux comme aux vêtements de ceux qui traversent les chaumes des étangs, s'empare des parties plus sèches. Avec un pâturage de trois ans, ces plantes se perpétueront, se multiplieront de telle manière qu'elles absorberont les ressources des pâturages. Il n'est donc guère probable qu'un tel pâturage soit avantageux aux moutons.

M. de La Chapelle, dont la longue expérience et les beaux troupeaux font une autorité très-digne d'être consultée dans cette affaire, nous a dit à ce sujet : « En Dombes, « il faut affecter aux moutons les terres les plus sèches et « les plus chaudes; on a neuf chances sur dix de ne pas « éviter la cachexie dans un pâturage d'étangs dont les « qualités sont contraires. Tous les bergers intelligents « savent que pour engraisser un mouton et le conserver « sain, il faut le changer de pâturage plusieurs fois dans la « journée. »

Or, comment varierons-nous le pâturage des moutons si précisément nous n'avons que des étangs à faire pâturer? Bien plus, comment les confinerons-nous dans un parc, ce qui est bien plus dangereux? Et ne court-on pas de mauvaises chances à laisser un troupeau dehors la nuit, aussi longtemps que notre climat ne sera pas assaini? Ainsi, voilà des raisons graves et décisives pour ne pas accepter le mode de pâturage indiqué par MM. Pichat et Casanova. Les raisons de repousser l'estivage tel que l'ont organisé ces Messieurs sont d'autant plus concluantes, qu'en outre le mouton ne paye son foin que 94 centimes les 100 kilogrammes dans cette circonstance.

Ne peut-on donc avoir des moutons pour utiliser les pâturages de la Dombes? C'est ici le cas de nous occuper du travail de M. C. Nivière.

III.

Voici ce qu'il nous dit :

Si vous voulez supprimer vos étangs, portez tous vos engrais, tous vos moyens de culture sur vos meilleurs fonds et sur les étangs. Défoncez, drainez, chaulez, fumez ces terres de manière à n'avoir que des maximums de récoltes et à provoquer le plus haut degré de fertilité possible. Cette spéculation vous assurera un bénéfice certain; car la fumure de 2 hectares concentrée sur un seul, produira sur cet hectare la même somme de revenu que vous auriez eue sur 2, en sorte que vous aurez économisé pour un hectare tous les frais de culture autres que ceux de l'engrais, et que votre blé vous coûtera d'autant moins.

Pour vos autres terres, abandonnez-les aux moutons; ils brouteront tout le produit de la végétation adventice, qui, vu l'aptitude du sol à s'enherber, représentera annuellement la valeur de 900 kilogrammes de foin sec par hectare.

Lorsque par l'effet du travail, des amendements, des fumures à fortes doses, vous aurez amené le sol des étangs au degré de fertilité cherché, semez-le en pré, car il se trouvera dans des conditions telles que le succès de l'opération sera assuré. Or, en supposant que vous agissiez sur une terre de 100 hectares contenant au début :

Terres . . . . 50 hectares.
Prés 10

Etangs. . . . . 25 hectares.

Friches 15

il vous sera possible, au bout de douze ans, d'avoir converti
vos 25 hectares d'étangs en prés, et de revenir à cultiver
50 hectares de terres en céréales ; de ces 50 hectares,
25 continueront à être affectés aux plantes fourragères, qui
remplaceront la jachère ; 25 seront semés en céréales.
Alors le rendement de vos terres établira leur prix à 2,000
ou 3,000 francs l'hectare, et ce ne sera point le dernier mot
de la culture ; et vous n'aurez pas eu besoin de faire des
avances considérables, car vous n'aurez établi vos prés
qu'en y appliquant une part du revenu de la propriété.

IV.

Mais nous avons dit que le pâturage des terres inférieures
avait été livré aux moutons. Ce genre de bétail a été choisi
de préférence parce qu'il est plus apte à tirer parti d'un
pâturage maigre qu'un bétail plus gros. Remarquons
d'abord que ces terres, plus saines et plus variées que
celles des étangs, conviennent beaucoup mieux aux besoins
et à la nature des moutons. De plus, M. Nivière nous
avertit que plus le mouton restera entre nos mains, plus il
nous coûtera cher ; et qu'il sera d'autant plus cher qu'il
mangera moins ; parce que plus longtemps il restera entre
nos mains, plus il sera grevé de frais de berger, de
bergerie, etc., parce que, mangeant moins, il lui faudra
plus longtemps pour arriver à être vendable. La nourriture
réduite suffit à maintenir l'état ordinaire de l'animal, mais
non à produire la graisse.

Au contraire, si à la nourriture du pâturage on ajoute un
supplément considérable, le bénéfice sera d'autant plus
grand que ce supplément sera plus considérable, parce que

dans ce cas l'engraissement sera d'autant plus rapide.
M. Nivière porte à 2,500 grammes la ration d'un mouton, et
à 100 jours le temps nécessaire à son engraissement. Les
faux frais seront couverts dans ce cas par le prix de la
toison, et le fumier constituera un bénéfice, outre celui
présenté par la graisse. Il recommande d'engraisser en
août, septembre, octobre et novembre, et en mars, avril
et mai, afin que les moutons puissent recevoir une nourriture variée, qui est particulièrement propice à accélérer
l'engraissement, et qu'ils se trouvent gras au moment
où la vente est le plus lucrative.

Ces données touchant le nourrissage des moutons, loin
d'être sujettes à contradiction, sont au contraire complètement confirmées, corroborées par la manière de faire
des meilleurs éleveurs.

M. de La Chapelle n'a pas d'autre mode de nourriture à
l'égard de ses moutons, que de leur offrir du fourrage à
satiété, et il assure que ce régime offre à la fois une garantie
sérieuse contre la cachexie, un bénéfice plus élevé à la
vente, et qu'il a fortifié et amélioré ses troupeaux. Enfin les
procédés des éleveurs anglais sont complétement analo-
gues, quoique plus perfectionnés. La quantité de fourrages,
de racines, de tourteaux, absorbée quotidiennement par le
bétail des fermes anglaises, est prodigieuse. Et cependant
tel fermier réalise ordinairement sur un mouton ainsi
engraissé jusqu'à 30 francs de bénéfice.

Nous voilà donc bien loin de MM. Pichat et Casanova, et
nous n'avons pas besoin de faire remarquer la profonde
différence qui existe entre leur système et celui de
M. Nivière. Chez ces Messieurs, la pratique se heurte de
toutes parts aux obstacles et finit par arriver à un résultat
qui serait désastreux s'il était probable. Chez M. Nivière,
au contraire, tout s'aide, tout s'accorde, tout marche rapi-

dement vers le but désiré, savoir : la transformation avantageuse de l'étang en prairie. Et il y arrive plus tôt et dans
des conditions fort supérieures à celles de MM. Pichat et
Casanova. Et une fois arrivé, il ne s'arrête pas comme eux
pour nous faire remarquer que malgré notre labeur et nos
frais nous n'avons par le fait que réalisé une perte énorme;
mais après avoir avantageusement remplacé l'étang et qua-
druplé la valeur du sol, il nous montre que si le mouton a
créé la fertilité en Dombes, on pourra joindre à cet engraissement celui du gros bétail, une fois que la production
fourragère sera assise sur une base large, féconde et
régulière.

Nous n'entrerons pas dans de plus amples détails à
l'égard du système et de la publication de M. Nivière. C'est
un livre que chacun doit lire pour y puiser soi-même tous
les enseignements qu'il contient. Nous ne pouvons que
souhaiter à cette publication le succès qui lui convient,
savoir son application générale à notre pays; et nous ne
saurions trop recommander un mode de culture si simple,
si facile, si rationnel, si économique, si rémunérateur, et
enfin si plein d'avenir pour la Dombes.

V.

En résumé, dans l'*Examen de la question agricole en
Dombes*, MM. Pichat et Casanova ont trouvé :

Que le climat est défavorable à la production;

Que le sol est défavorable à la production;

Que la production est restreinte sous le rapport de la
somme comme sous le rapport de la variété des produits;

Que l'étang est le mode de production le plus rationnel,
le plus sûr et le plus avantageux;

Et enfin que la suppression des étangs est désirable, mais

qu'elle demande vingt ans et 1,960 francs d'avances par hectare pour s'effectuer complètement. Après quoi, comme on aura obtenu des prés qui ne vaudront que 1,200 francs l'hectare, on aura réalisé une perte de 760 francs par hectare en créant des prés et en supprimant l'étang. *D'où conclusion qu'il ne faut pas dessécher*. Cette conclusion, MM. Pichat et Casanova ne la donnent pas ; mais le lecteur qui comprend sait bien qu'il doit la déduire, et le propriétaire, qu'il doit s'en faire l'application.

Or toutes ces évaluations, toutes ces assertions sont obtenues au moyen d'une dépréciation systématique et arbitraire du climat, du sol et des produits de la Dombes, laquelle est en contradiction avec ce que proclament les faits les plus constants, les plus connus, comme les témoignages les plus accrédités, cités dans le cours de ce travail.

DE L'ÉVOLAGE.

I.

Quelles conditions Messieurs les évolagistes mettent-ils au desséchement? Ils disent : « qu'en ce cas le prix intégral « de l'évolage leur est dû. » Oui, si le desséchement les prive de leur co-propriété.

« Parce que l'évolage est une propriété distincte. » Ceci n'est pas clair.

« Parce qu'en supprimant l'évolage qui est une propriété « d'eau, qui consiste dans la propriété d'une superficie « d'eau, on supprime cette propriété. » Ceci est inexact.

« Enfin parce que l'établissement des chaussées et autres « travaux constituant l'étang ont créé une plus value qui « doit leur être payée. » Nous sommes pleinement convaincu qu'on doit le prix de l'étang intégral à ses proprié-taires, *si on les dépossède*.

Pour toutes ces raisons, ils voudraient que l'Etat leur remboursât le prix intégral de l'évolage, après quoi l'assec devenant plus riche, ils se tireraient bien d'affaire.

Nous allons voir. Mais procédons avec ordre.

D'abord qu'est-ce que l'évolage? C'est une propriété distincte, dit le Rapporteur du Conseil général.

Signalons ici une confusion qui a permis à M. le rappor-teur d'arriver aux plus extraordinaires appréciations de l'évolage. L'évolage désigne deux choses distinctes sous le même nom, soit le mode de faire valoir le sol de l'étang, soit la part de propriété de ce sol revenant à l'évolagiste. Il en est de même du mot assec, qui désigne et la part du sol de celui qui n'a pas droit au produit de l'évolage et la culture de ce sol sans eau.

D'où il suit que l'évolage est bien une propriété en tant qu'on veut parler de la part du sol de l'étang appartenant à l'évolagiste, de même que l'assec en est une si l'on parle du sol de l'étang qui n'appartient pas à l'évolagiste. Mais l'évolage n'est plus une propriété si on entend par là l'eau de l'étang. Ce n'est plus alors qu'un mode de jouissance. Nous devons en outre faire remarquer que l'évolage et l'assec ne sont pas des propriétés distinctes, comme il est dit dans le rapport, mais qu'ils ne sont chacun que des co-propriétés.

En effet, l'évolage et l'assec envisagés comme propriétés, jouissant du même sol, opèrent tour-à-tour sur le même sol, ont des servitudes réciproques, des intérêts com-muns et constituent entr'eux la propriété de l'étang. Et il est si vrai qu'ils ne sont que des co-propriétés, qu'ils n'ont qu'un même numéro de parcelle sur les matrices cadas-trales.

Maintenant, comme la propriété est constituée d'une manière particulière dans l'étang, le mode d'en jouir est particulier aussi. Dans une terre non inondée, le sol est divisé d'une manière permanente et on jouit sans interruption de chaque parcelle individuellement. Dans l'étang, la division du sol ne permettant pas l'inondation, on l'a laissé indivis par rapport à l'évolage ; mais on a organisé la jouissance du sol au moyen du temps, réparti en périodes de trois ans, dont on a affecté deux ans à l'évolage et un an à l'assec, comme représentant chacun une part relative de la propriété de l'étang. En sorte que lors même que tous les propriétaires de l'étang ne jouissent pas simultanément, continuellement et à part de leur lot de propriété, cependant, au bout de chaque période de trois ans, chacun a retiré de son lot de propriété la même somme de jouissance que s'il en avait joui à part et sans interruption.

Ainsi, l'évolage d'un étang nous donnant la propriété et la jouissance des deux tiers de sa superficie, il est clair que nous ne pouvons en jouir sans inonder le dernier tiers, et ainsi faisons-nous. Mais en revanche, quand nous aurons joui deux ans de la totalité de l'étang, nous abandonnerons la totalité de cette jouissance la troisième année à l'assec, quoique celui-ci ne représente que la valeur du tiers de l'étang, afin qu'il récupère par cette jouissance des deux tiers ne lui appartenant point, la privation de son tiers, qu'il a subie pendant deux ans. Il est clair que ce mode de jouissance alternative et compensée revient au même que si chaque propriétaire avait joui de sa part individuellement et sans interruption.

Mais cela ne donne pas le droit de supposer que l'évolage ne représente que la propriété de l'eau de l'étang : la vraie propriété de l'évolagiste, c'est la part qu'il a du sol de l'étang.

5

Maintenant, supposons qu'un étang ait 3 hectares : le propriétaire de l'évolage jouira de 3 hectares pendant deux ans ; l'assec aura 3 hectares pendant un an, en sorte qu'au bout de trois ans l'évolagiste aura joui de 6 hectares.

Si nous ajoutons une seconde supposition à la première, savoir : que l'étang est supprimé, qu'arrive-t-il ? Le propriétaire de l'évolage ne jouit plus que de 2 hectares annuellement ; mais il en jouit sans interruption, en sorte qu'au bout de trois ans il a joui de 6 hectares, comme quand l'évolage existait.

Ainsi la suppression de l'eau n'entraîne pas la perte du sol et ne fait que changer le mode de jouissance du sol, en substituant au mode périodique de l'évolage le mode permanent et uniforme de la culture ordinaire, en laissant le propriétaire maître de tout son fonds, comme par le passé.

On dit cependant que l'évolage est une propriété d'eau.

Est-il possible de n'avoir que l'eau d'un étang ? De quel droit inonderait-on le terrain d'autrui ? De quel droit établirait-on une chaussée sur sa propriété ? Ainsi la jouissance du sol par l'eau implique nécessairement la propriété de ce sol.

Nous trouvons dans une brochure de M. Dubost (1) le passage suivant de Revel :

« Suivant l'usage de la province, celui qui entreprend
« un étang, pourvu qu'il soit le plus grand portionnaire,
« contraint ceux qui ont des héritages proches de lui,
« de les contribuer et souffrir leur inondation, à la charge
« néanmoins d'avoir part en icelui, non pas à raison de
« l'étendue de leur fonds, mais de leur valeur ; de manière
« qu'on estime tous les fonds qui composent ledit étang,

---

(1) *La question de la Dombes et le conseil général de l'Ain.* P, 32.

« et on donne à chacun de l'évolage, selon la valeur de son
« fonds et au sol la livre. Pour les assecs, ils sont à chacun,
« suivant l'étendue du fonds qui y a contribué ; que si les
« voisins ne veulent pas prendre part audit étang, il faut
« qu'ils soient indemnisés par la remise d'autres héritages
« de semblable valeur, ou en deniers à dire de pru-
« d'hommes, et ils ont le choix. »

Ainsi dans l'origine les évolagistes comprenaient d'une
part les propriétaires des fonds inondés et de l'autre le
constructeur de la chaussée.

M. Dubost, dans la brochure que nous venons de citer
et à la page 34, dit donc avec vérité : « L'assec et l'évolage
« sont deux modes de jouissance d'une propriété commune
« et s'exerçant alternativement; mais la propriété com-
« mune est indivise, c'est le sol; et l'évolagiste en a sa
« part aussi légitimement que le possesseur de l'assec. »

M. le rapporteur n'a donc aucun droit de dire :

« Que l'étang constitue deux propriétés distinctes bien
« définies;

« Que depuis 500 ans l'évolage et l'assec constituent
« deux propriétés distinctes, etc.;

« Ni que l'évolage n'est qu'une propriété d'eau dont il
« ne reste rien, l'évolage étant supprimé. »

Attendu que l'étang n'offre qu'une seule et unique propriété, le sol qui comprend la chaussée ;

Et que l'inondation et l'assec forment un mode périodique
de faire valoir ce sol..

Maintenant si nous tenons compte de tout ce qui précède
nous voyons :

1° Que l'évolagiste est nécessairement, évidemment propriétaire d'une part du sol de l'étang.

2° Que les droits aux produits de l'inondation doivent être
calculés à la fois sur les frais de création de l'étang et en

raison de la part de propriété du sol de chaque co-propriétaire.

3° Que le propriétaire d'une part du sol inondé peut être évolagiste sans avoir coopéré à la création de l'étang.

4° Que la part de chaque évolagiste étant cependant basée à la fois sur la valeur du sol et sur la somme des frais de création, au *prorata* de chacune de ces valeurs, il s'en suit que chacun des propriétaires du sol voit sa part d'autant plus réduite que ces frais ont été plus élevés, attendu que celui qui les a fait vient partager avec eux au *prorata* de ces frais. Dès lors il est évident que leur propriété subit réellement une diminution au profit de celui qui a fait les frais de construction de l'étang. Si donc la suppression de l'étang confère un droit d'indemnité à celui qui a l'évolage, celui qui a l'assec peut aussi réclamer cette indemnité, puisqu'ayant participé aux frais de création de l'étang il a les mêmes droits que l'évolage. Le principe d'indemnité comporterait donc de plus grandes charges qu'on ne le suppose.

5° Que la propriété de l'étang n'est point représentée par l'eau, mais par le sol. Le sol constitue lui seul la propriété de l'évolagiste comme celle du cultivateur de l'assec, et il est inexact de dire que l'évolage n'est représenté que par l'eau, est une propriété d'eau, ainsi que le dit M. le rapporteur (P. 51). L'eau de l'évolage est simplement un mode particulier de culture, une condition de la culture du poisson; elle n'est une propriété que dans le sens que le poisson lui-même en est une, ou tout autre objet mobilier, attendu qu'elle a le caractère du meuble et non de l'immeuble. En effet la même eau peut successivement servir à 6, 8 et plus d'étangs différents, appartenant à divers propriétaires, quand le niveau et les fossés de communication le permettent. Or cette propriété de se déplacer, de se porter successivement sur divers points n'est point le caractère de l'immeuble.

6° Il est donc bien rationnel, bien exact de dire que l'évolagiste possède environ les 2/3 du sol de l'étang, et que c'est le sol qu'il a faculté de vendre, aliéner, hypothéquer, etc., et non l'eau de l'étang, ce qui serait absurde.

7° Enfin, en cas de suppression de l'étang, on ne saurait dire que le propriétaire de l'évolage est dépouillé puisqu'il reste maître du sol qui représente seul efficacement la valeur de la propriété et qu'il continue d'en jouir malgré la suppression de l'évolage.

DE L'INDEMNITÉ.

I.

Maintenant que nous sommes bien fixés à l'égard de l'évolage, que nous savons que l'évolage d'un étang représente la propriété d'une part du sol de cet étang, voyons :

1° Si dans la pratique l'évolagiste est traité en conséquence, et dans quelle proportion il est propriétaire ;

2° Pourquoi la suppression de l'évolage, qui n'entraine que la suppression de l'inondation, donnerait lieu à une indemnité.

L'application de la loi de 1856 sur la licitation des étangs va nous donner un sûr moyen de vérifier de quelle manière est considéré et traité l'évolagiste.

Quand un étang est licité, qu'arrive-t-il ?

M. Dubost (1) nous apprend que depuis 1856 916 hectares d'étangs ont été licités. — Le prix moyen a été 690 francs

(1) *La question de la Dombes et le Conseil général de l'Ain.* P. 12 et 13.

à l'hectare, sur *lequel prix il a été alloué* 60 *pour* 100 *à l'évolagiste, soit* 414 *francs par hectare* ; 36 pour 100 à l'assec, soit 248 francs 40, et que les frais de procédure ont absorbé 4 pour 100, soit 27 francs 60.

Ainsi l'évolage a été évalué environ aux 2/3 du prix total de l'étang, et le propriétaire de l'évolage a parfaitement encaissé la somme provenant de cette opération.

Or cette valeur n'est-elle pas intégralement celle de l'évolage ? N'avons-nous pas vu que la part attribuée à chaque évolagiste dans le produit de l'évolage avait été basée à la fois sur les frais d'établissement et sur la valeur du sol, et répartie au marc le franc d'après la valeur de la propriété de chaque co-propriétaire ?

Si donc l'étang est vendu, il est à supposer qu'il a été payé *tout* ce qu'il valait, et chaque propriétaire ayant retiré sa part du prix, qu'a-t-il à prétendre de plus ?

Pourquoi l'évolagiste qui reçoit 60 pour 100 du prix de l'étang ne serait-il pas aussi complétement payé, indemnisé que celui qui a reçu 36 pour 100 pour son assec ?

Et serait-ce le cas de dire, après qu'il a touché 60 pour 100 du prix de l'étang, que l'évolage supprimé, l'évolage perd tout en perdant son eau ? Est-ce l'eau qui lui a été payée ? ou les 60 pour 100 du sol de l'étang ? En touchant 60 pour 100 perd-il toute sa propriété ou même une part de sa propriété ? Comment donc Messieurs les évolagistes peuvent-ils parler de *spoliation* quand jusqu'à ce jour ils ont touché la valeur intégrale de leur propriété ? Voudraient-ils donc toucher deux fois ce prix ?

Comment donc M. le rapporteur a-t-il pu adopter et reproduire cette définition du desséchement. « Le dessèche-
« ment ordonné purement et simplement serait, non une

« expropriation, mais une spoliation pour cause d'utilité
« publique (1).

Dira-t-on que nous faisons confusion? Qu'on ne réclame
pas sur les étangs licités, mais sur les étangs desséchés?
Non, nous ne faisons pas confusion.

Les étangs supprimés seront licités lorsqu'il y aura plusieurs propriétaires, et chaque propriétaire d'assec ou d'évolage *recevra comme par le passé le prix de sa part du sol de
l'étang*. Pourquoi donc en serait-il autrement?

Si le desséchement n'amène pas la licitation, l'étang ne
changera pas de propriétaire; celui-ci restera possesseur
de son fonds, il continuera d'en jouir en totalité, et nous ne
croyons pas qu'il réclame le payement d'une propriété dont
il restera détenteur.

Mais alors où donc l'expropriation? Où donc surtout la
spoliation?

Comment M. le rapporteur peut-il dire : « La jouissance
« de la surface inondée étant la seule chose que possède
« l'évolagiste, l'eau supprimée, il ne lui reste rien. » (P. 51).

Vraiment!

Le sol s'est donc évaporé avec l'eau?

Et les 60 pour 100 du prix de l'étang attribués à l'évolagiste, touchés et quittancés par lui?

Certainement nous admettons que nous sommes en face
d'une erreur; mais on admettra bien aussi qu'elle a des
proportions peu communes, et que M. le rapporteur n'a
pas attendu que M. Marion eût proclamé le droit illimité
de la défense de l'étang pour s'en servir; on admettra
bien surtout que la Dombes n'est pas heureuse, si l'on
considère les tristes résultats produits et par les erreurs du
rapport, et par les erreurs de M. Marion, et par les erreurs

____

(1) *Rapport.* P. 47.

de MM. Pichat et Casanova. Un pareil concours d'erreurs porte en lui un cachet si extraordinaire qu'il est certainement permis de se demander si ce concours est bien fortuit.

Et ce n'est pas tout. Nous croyons avoir encore à nous plaindre bien fort de la légèreté et de l'inintelligence qu'apportent les avocats de l'évolage dans la question de l'assainissement de la Dombes, car c'est directement sur nous que pèsent les délais et l'inaction qui en résultent. Nous venons de voir quelques exemples de cette inintelligence, nous allons en produire d'autres qui feront bien ressortir quels genres de services ces Messieurs rendent à la Dombes.

MM. Pichat et Casanova ont placé en tête de leur chapitre sur les étangs, l'épigraphe suivante tirée de Berthollet:

« Tels furent les immenses travaux des antiques Bres-
« sans, dont le génie et l'industrie méritent d'occuper une
« place glorieuse dans l'histoire des peuples agricoles ; *car*
« *ils ont fait avec plus de difficultés, peut-être, ce que les*
« *Bataves n'ont fait qu'après eux dans les marais de*
« *la Hollande et de la Zélande.* »

M. Reverchon n'a pas manqué de reproduire cette épigraphe et de s'en servir pour démontrer la haute utilité de l'étang, et combien il mérite d'être protégé.

Or, en vérité, quel rapport y a-t-il entre l'étang et les digues hollandaises ? Juste autant qu'entre le jour et la nuit.

Les Hollandais ont un sol déprimé, dont la surface est plus basse que le niveau des fleuves et de la mer. Ils ont construit des digues plus élevées que ce niveau, et ils s'en servent pour diriger vers la mer l'eau qui s'amasse sur le sol. Sans cesse des moulins à vent, des machines à vapeur, des manèges sont occupés à puiser et transporter cette eau au-delà des vagues.

Ici il est effectivement permis d'admirer sans restriction

le génie de l'homme, car ces travaux font son honneur comme la prospérité de son pays, et la ruine de ces digues, en créant aussitôt de vastes marais, causerait aussi une ruine totale et inévitable.

Eh bien ! est-ce le cas de l'étang ?

La Dombes possède un sol élevé et heureusement accidenté, *sans autres marais que les étangs*, et écoulant facilement ses eaux. L'homme, ici, au lieu de tirer parti avec sagesse et prévoyance d'une aussi belle situation, l'a gâtée ; il a élevé avec profusion des chaussées, qui, en retenant l'eau de force, ont créé en même temps un vaste foyer d'insalubrité et d'improduction, fruits à jamais déplorables d'une déplorable imprévoyance. Toutes les âmes généreuses et honnêtes s'émeuvent des tristes conditions qui pèsent aujourd'hui sur cette contrée, et il est reconnu que la suppression de ces malheureux étangs est seule capable de rendre à la Dombes son antique prospérité.

Eh bien ! quel rapport y a-t-il entre les chaussées dombistes et les digues hollandaises ?

Et pourtant on nous dit que, pour créer ces étangs, formés uniquement parce que l'imperméabilité du sol offrait, pour retenir l'eau, une facilité dont on a profité aussi abusivement que possible était, on nous dit *qu'il a fallu peut-être vaincre plus de difficultés* que les Hollandais n'en ont rencontré dans leurs marais, dont la superficie est au-dessous du niveau de la mer ! Et tandis que les Hollandais ont conquis sur ces marais et sur l'insalubrité la fécondité et la prospérité, nous, avec nos chaussées, nous avons conquis la stérilité et la mort ! Et tandis que la propriété des Hollandais n'est assurée qu'autant que l'existence de leurs digues est assurée aussi, nous, nous n'avons d'espoir que dans la destruction des étangs !

Voilà par quels arguments on sauve et conserve l'évolage.

Eh bien! aurons-nous le droit de dire que le fameux chimiste paraît n'avoir pas compris grand'chose aux étangs, ni ceux qui se montrent si satisfaits de sa phrase?

Citerons-nous encore un exemple? Oui, c'est instructif.

M. Reverchon compare un étang à une maison. En quoi se ressemblent-ils, cependant? En rien. La maison n'est pas un genre de jouissance ; c'est un genre de propriété, c'est un immeuble, non l'eau de l'étang. Il est absolument impossible de jouir au même degré du sol de la maison démolie que si elle existe, tandis que la suppression de l'évolage n'empêche point de jouir du sol, et que même elle favorise cette jouissance. La valeur et l'importance de la maison dépasse de beaucoup celle du sol qui la porte ; pour l'évolage c'est tout le rebours, c'est le sol qui vaut beaucoup plus. Et cependant M. Reverchon va jusqu'à dire que le sol de l'étang desséché vaut relativement moins que celui d'une maison démolie! Mais on ne peut jouir du sol de cette maison sans en reconstruire une autre ; est-ce le cas de l'étang? Et si une maison est détruite par le fait de l'établissement d'un chemin de fer ou d'un ouvrage de guerre, on ne peut plus en jouir du tout; encore une fois, est-ce le cas de l'étang?

La comparaison que fait le même jurisconsulte entre l'étang et une forêt, est-elle plus heureuse?

L'arbre de la forêt représente le produit du sol de cette forêt; l'eau de l'étang ne représente pas du tout le produit du sol de l'étang; c'est le poisson. Or, dans toute suppression d'étangs a-t-il jamais été question de priver le propriétaire de la récolte pendante? Toutes les autres comparaisons dont on se sert pour la défense de l'évolage sont à l'avenant. Ainsi, rien ne prouve mieux que ces comparaisons de l'étang avec des objets qui n'offrent absolument aucune analogie, aucun rapport, que les défenseurs de l'évolage ne connaissent pas la cause qu'ils plaident, et qu'au lieu de faire de la justice et de la lumière, ils font du préjudice et de la confusion.

Or, sur qui retombent les effets de cette confusion, de ce préjudice? Sur ces Messieurs? Hélas, non! C'est la pauvre Dombes qui porte tout.

II.

Nous avons établi qu'en pratique l'évolagiste est bien considéré et bien traité comme possesseur, non pas seulement de l'eau, mais du sol de l'étang. Maintenant, pourquoi, outre le prix intégral de sa part de l'étang, l'évolagiste recevrait-il une indemnité?

On répond : parce que l'étang est un établissement dont la création a causé des frais et augmenté la valeur et les revenus, lesquels frais seront perdus, lesquels valeur et revenus sont diminués par le fait du desséchement. Il y a donc lieu à indemnité.

Pour évaluer cette indemnité, il faut reconnaître par quelle plus-value l'étang représente ses frais d'établissement et la supériorité de ses revenus.

Or, il est notoire que le prix moyen du sol des étangs est de 700 francs. Celui des terres étant de 600 francs l'hectare, cette plus-value ne peut donc être de plus de 100 francs par hectare, et c'est à ce chiffre qu'il faut fixer le maximum de l'indemnité allouable.

Mais certains évolagistes réclament la valeur intégrale de leur évolage, soit au moins 420 francs. Il nous semble cependant que l'indemnité n'a pas d'autre but que de compenser la dépréciation possible de l'étang, dépréciation qui ne peut dépasser 100 francs, puisque la part du sol qui reste la propriété de l'évolagiste vaut toujours au moins

600 francs, prix des terres non inondées. Il est vrai que moyennant ce prix ou à peu près, ces Messieurs abandonneraient leur propriété d'évolage n'importe à qui. Cet achat singulier que s'imposerait le gouvernement, pour en faire cadeau aux possesseurs d'assecs, dont on triplerait ainsi la propriété, est un procédé si étrange, si peu pratique, si peu motivé, que nous ne croyons pas avoir besoin de le discuter.

D'un autre côté, les étangs occupant à peu près tous les fonds de vallée, tous les thalwegs, possèdent en général les meilleurs fonds, ceux où la couche de terre végétale est la plus profonde et la plus riche, en sorte qu'ils représentent une classe de terrains supérieure à celle des terrains non inondés; on ne saurait donc les évaluer comme ceux-ci à 600 francs l'hectare, ce qui n'est qu'un prix moyen. En outre, si l'on songe que la plupart de ces terrains se trouvent dans les meilleures conditions pour former des prés qui nous manquent, dont la création augmentera de beaucoup la valeur des autres terres, il est évident qu'on ne peut supposer que le prix de 700 francs qui leur est assigné subisse une diminution par le fait du desséchement. Il y a tout lieu de croire le contraire.

Supposons en effet qu'un étang bien propice à la création d'un pré soit licité, croit-on qu'il se vendra moins de 1,000 francs? Il se vendra certainement davantage.

En présumant que le sol inondé gagnerait au desséchement, nous n'avons pas fait un raisonnement qui puisse être démenti par l'expérience; au contraire, il est fondé sur l'autorité des faits.

Il est certain que la valeur de l'étang n'est pas aujourd'hui en voie d'accroissement. Ce genre d'établissement n'a plus d'avenir. Aussi tandis que la valeur des terres non inondées augmente, celle des étangs est stationnaire, signe irrécusable de décadence et de dépréciation. Nous savons tous que Glareins, Grand-Birieux et beaucoup d'autres étangs se sont vendus bien au-dessous de leur précédent prix d'achat. L'étang des Vavres, à Marlieux, d'une contenance de 90 hectares vient d'être licité au prix de 45,000 francs, soit à 500 francs l'hectare. C'est un bon étang, sur lequel ne pèse aucune cause de dépréciation. L'abaissement de la valeur de l'étang ne saurait donc être mieux constaté.

Vis-à-vis de cette dépréciation, nous voyons au contraire la valeur des autres terres suivre une marche constante d'augmentation.

Que devient la plus-value de l'étang, si on considère d'une part qu'il a perdu et perd tous les jours de sa valeur, et de l'autre que celle des terres ordinaires augmente? Elle n'existe plus, et il est d'autant plus rationnel d'admettre cette absence de plus-value que nous avons vu au chapitre *des étangs*, que ces établissements avaient au moins perdu 200 francs par hectare de leur ancienne valeur, et même que si on tenait compte de la qualité du sol sur lequel ils étaient établis, la valeur entière des frais d'établissement était complètement disparue aujourd'hui. Or, il y a d'autant moins lieu à allouer une indemnité à l'évolage en cas de suppression, que la dépréciation qui frappe l'étang n'a point attendu pour se produire que celui-ci fût sous le coup d'un dessèchement, mais qu'elle est l'œuvre irrémédiable du progrès et du cours naturel des choses.

Pour désigner un chiffre quelconque d'indemnité il faudrait prévoir, présumer un dommage quelconque provenant du fait du dessèchement, et sur lequel on baserait ce chiffre. Mais les conditions actuelles de l'étang ne peuvent que faire prévoir une plus-value par suite du dessèchement. Nous croyons devoir citer à ce propos le fragment suivant d'une lettre que nous écrit M. de La Chapelle : « Je puis

« répondre *à priori*, que pour les étangs que je connais
« autour de moi je serais, si j'étais expert, très-embarrassé
« d'assigner une valeur à l'évolage, *car il n'y en a pas un*
« *seul que j'osasse estimer un centime de moins si son évo-*
« *lage était supprimé, et il y en a plusieurs au contraire*
« *que j'estimerais beaucoup plus si leurs propriétaires pou-*
« *vaient s'en débarrasser*, ce qui offre quelquefois des
« difficultés.

« Comment ne comprend-on pas que la terre à côté, qui
« ne valait pas 200 francs il y a vingt ans, en vaut aujour-
« d'hui 500, 600 et 1,000, parce que les friches et les
« landes qui la couvraient commencent à y faire place à de
« riches moissons, tandis que la pie d'étang ne vaut
« toujours que 300 francs, parce qu'elle est restée pétrifiée
« dans sa culture d'avoine? »

D'un autre côté, M. Bodin a dit :

« Dans les ventes en détail, faites dans le centre même
« de la Bresse, les étangs ont été bien moins vendus que
« les terres. La raison en est bien simple. Le petit culti-
« vateur sait que la terre qu'il achète, amendée, fumée,
« défoncée par lui, peut décupler de produit, tandis que
« celui d'un étang qu'on ne peut détruire est ce qu'il était
« il y a cent ans, et serait le même dans cent ans
« encore (1). »

A ces appréciations, dont on ne saurait méconnaître la
justesse et la valeur, joignons celles de M. Puvis, et nous
verrons que les hommes les plus compétents refusent à
l'étang une plus-value qu'on lui suppose uniquement parce
qu'elle a existé autrefois. En appliquant ainsi à l'étang le

---

(1) *Bulletin de la Société d'agriculture de Trévoux.* N° 12. P. 35.
Cette considération peut expliquer à MM. Pichat et Casanova pourquoi il
n'y a pas de petits propriétaires de pies d'étangs en Dombes.

bénéfice d'une antique tradition, on oublie qu'il s'agit de le juger sur sa valeur actuelle. Or, l'étang a subi une dépréciation providentielle qui seule suffirait à amener sa suppression, si les préjugés, la routine, les passions ne lui prêtaient leur aveugle soutien. Mais nous ne voyons rien là qui puisse motiver une indemnité en sa faveur.

Cette indemnité paraîtra encore moins justifiée si on considère que c'est précisément l'existence de l'étang qui s'oppose à la tendance manifeste des terrains de la Dombes à acquérir une plus grande et une plus rapide valeur. Cet obstacle une fois levé par le fait de la suppression obligatoire, ces terres augmenteront sous la seule influence de la salubrité, jusqu'à ce qu'elles aient au moins atteint la valeur des terres des pays voisins et particulièrement de la Bresse dont le sol est inférieur au nôtre. La suppression n'offre donc pas d'autre perspective que celle de quintupler la valeur des terres de la Dombes, celles de l'étang comprises. En sorte que la suppression des 15,000 hectares d'évolages quintuplerait la valeur des 100,000 hectares de la Dombes. Et nous l'avons dit, nos présomptions ne reposent point sur des faits contestables, mais elles sont basées sur l'expérience et sur les faits accomplis. On ne saurait donc nous accuser d'utopie ou de chimère. Ce que nous attendons pour la Dombes s'est réalisé pour la Bresse, non pas seulement dans des conditions identiques, mais dans des conditions plus défavorables.

Ainsi en attribuant, comme par le passé, 60 pour 100 du prix du sol de l'étang à l'évolage, il sera complètement, intégralement payé, indemnisé, que l'étang soit licité ou non, et il n'aura absolument rien à prétendre à titre d'indemnité.

DES PRIMES.

Mais si l'indemnité qui défend et protége l'étang contre tous les intérêts moraux et matériels est inadmissible, la prime, qui n'est pas un principe conservateur de l'étang, mais un encouragement à tous les progrès, offre une ressource qui promet les plus féconds résultats et dont le retrait serait un véritable malheur pour la Dombes. En effet, dans une affaire aussi importante que celle du desséchement provoqué par des motifs supérieurs d'humanité et de morale, dont le Gouvernement doit tenir un compte bien autrement sérieux que s'il ne s'agissait que d'intérêts purement matériels, son action, son intervention sont de la plus haute utilité, soit pour que l'effort soit proportionné au mal, soit parce que la nature de la question ne lui permet pas de rester en dehors.

S'il lui est permis de discerner les réclamations qui s'adressent à lui, il ne saurait cependant méconnaitre que, sans son concours, l'état si déplorable de la Dombes peut se perpétuer encore des siècles; comme aussi il est à craindre que, privée de l'assistance de l'Etat, la suppression ne s'opère que laborieusement et lentement. Ce résultat serait d'autant plus regrettable qu'il est indispensable que cette suppression s'accomplisse, et s'accomplisse dans les meilleures conditions. Il s'agit de la rénovation de toute une contrée; les sacrifices de l'Etat ne sauraient trouver une meilleure occasion, un but plus important, ni provoquer des résultats plus utiles et plus désirables.

Dans l'état actuel de la Dombes, on ne saurait nier que nous ne manquions de bras et d'engrais, circonstances qui rendent la suppression plus coûteuse. Beaucoup de propriétaires ne pourront dessécher quoiqu'ils y soient décidés, s'ils sont réduits à leurs seules ressources; d'autres ne s'y décideront qu'autant que le Gouvernement leur accordera un concours efficace. Il est donc certain que la possibilité d'obtenir les secours constitués par la prime aura une influence capitale et décisive sur la plupart de ceux que la suppression concerne, en sorte que si le Gouvernement persévère dans ses généreuses intentions, on peut prévoir un résultat éventuel considérable dans le sens du desséchement. Dans ce cas, non-seulement le Gouvernement aura provoqué efficacement l'assainissement, mais il aura donné une impulsion générale et vigoureuse à l'agriculture, en sorte que la Dombes verra cesser tout à la fois et son insalubrité et son improduction.

Le système des primes et des prêts est donc parfaitement justifié par la nécessité où se trouve la Dombes d'être aidée dans les dépenses occasionnées par le desséchement. Il est fâcheux que ce système, au lieu de provoquer la reconnaissance des intéressés, n'ait fait que provoquer des demandes plus élevées ou étrangères au desséchement, comme l'établissement d'un chemin de fer, et qu'il ait été accusé de coërcition, autrement dit de violence. Mais ce qu'il y a de plus triste dans cette manière d'agir, c'est que la Dombes, qui n'en peut davantage, risque de voir ajourner sa délivrance, grâce à des exigences qui semblent calculées pour obtenir ce résultat.

Quoique nous n'ayons point à nous préoccuper du projet de règlement cité dans le rapport, ce projet n'ayant point été accepté ni proposé par le gouvernement, ainsi que l'a particulièrement démontré M. Dubost (1), nous croyons pouvoir manifester quelques vœux au sujet du règlement qu'il y aura lieu d'établir, le projet de loi sur le dessé-

(1) *La question de la Dombes.* P. 27. 28 et 29.

6

chement une fois adopté. Nous voudrions aussi que, lorsqu'un étang ne serait pas apte à former un pré, le propriétaire de cet étang fût néanmoins admis au maximum de la prime, pourvu qu'il eût établi une superficie de pré égale à celle de l'étang, dans le lieu de son domaine le plus propice à cette création, car alors le gouvernement aurait atteint son double but d'assainissement et de progrès agricole.

Nous croyons également que l'Etat, qui est décidé à un sacrifice en faveur de la Dombes, tient surtout à ce que ce sacrifice atteigne sûrement son but. Il faudrait donc que le temps accordé pour acquérir la prime fût assez long pour qu'on ne fût pas dans le cas de l'acquérir au détriment de la bonne confection des prés créés. Il serait d'autant plus à propos d'être large pour cette question de temps, que, par exemple, un propriétaire aurait un plus grand nombre d'étangs à transformer. L'application de la prime aux seuls étangs supprimés dans un bref délai présenterait le danger de pousser à des créations défectueuses, et ensuite d'exclure de la prime des propriétaires qui, par leur bonne volonté et l'importance de leurs suppressions, sont particulièrement recommandés à la sollicitude de l'Etat.

Toutefois nous sommes persuadé que le gouvernement, sans augmenter le maximum des primes, pourrait arriver à un résultat aussi prompt qu'avantageux, en donnant indistinctement une prime de 300 francs par hectare à tout étang supprimé, quelle que fût sa nouvelle culture, pourvu qu'il fût supprimé.

Nous croyons que ce système faciliterait beaucoup l'application de la loi, qu'il n'empêcherait pas la création des prés, et surtout qu'il aurait un effet immédiat considérable.

De cette manière tous les étangs, même ceux non

susceptibles de se transformer en prés, obtiendraient le maximum de la prime. Si, au contraire, les étangs qui ne peuvent subir cette transformation se trouvent exclus de cette prime, on comprend facilement que leurs propriétaires, n'ayant pas autant d'intérêt à en presser le dessèchement, le retarderont jusqu'au dernier moment marqué par la loi. Or, ceci serait d'autant plus regrettable que la catégorie de ces étangs représente une superficie très-importante, et qu'il y aurait un nombre d'autant plus grand de propriétaires atteints par l'exclusion.

Ainsi que nous l'avons dit, les plus hautes raisons militent auprès du gouvernement en faveur de la Dombes, afin qu'il lui accorde un concours aussi large, aussi efficace que possible. Nous laisserons M. Valentin-Smith retracer quelles sont ces raisons, qu'il a déjà fait valoir il y a bientôt dix ans :

« Il ne faut pas se le dissimuler, on ne saurait jamais
« entreprendre de grands travaux dans l'intérêt général
« d'une contrée sans l'intervention de la puissance gouver-
« nementale, qui, seule, peut dominer le croisement et
« l'inintelligence de tous les intérêts privés. C'est même à
« ce prix qu'un gouvernement existe, prospère et s'honore.

« On se plaît à dire que notre siècle se porte sur les
« mesures de salubrité, et que ce sont un sentiment et un
« bienfait nouveaux pour notre époque : aussi, en Angle-
« terre et en France, la loi prescrit-elle d'améliorer la
« demeure des pauvres et la salubrité des villes. N'y a-t-il
« pas les mêmes raisons pour que cette sage mesure
« s'étende aussi aux campagnes? La vie de l'agriculteur
« n'est pas moins précieuse que celle de l'artisan citadin?

« Comment, alors qu'il s'agit d'un grand intérêt de
« salubrité publique, l'Etat ne viendrait-il pas en aide aux
« efforts individuels par des subventions que ne tarderait

« pas à lui rendre largement l'amélioration de l'homme et
« de la terre? Y eût-il jamais une dépense plus reproductive
« que celle dont le résultat est d'étendre les forces et la
« vie humaine, et de féconder le sol (1)? »

DU DESSÉCHEMENT.

Mais le système des primes et des prêts suffira-t-il pour
amener un desséchement non pas complet, mais à peu près
suffisant? Pourra-t-on s'en tenir à cette mesure et sauve-
garder convenablement les intérêts moraux en cause et en
souffrance dans le régime actuel d'insalubrité?

Peut-on compter sur le desséchement facultatif pour
assainir la Dombes?

Certainement on ne saurait répondre affirmativement à
toutes ces questions sans faire bon marché du passé. Quant
à nous, nous croyons que sans desséchement obligatoire
on ne prendra que des demi-mesures qui n'améneront que
des demi-résultats, et que la Dombes en aura encore pour
des siècles avant d'être débarrassée de son déplorable
régime d'étangs.

En effet, que voyons-nous? Qu'entendons-nous?

On a fait valoir auprès de Messieurs les évolagistes les
avantages certains assurés par le desséchement; la seule
satisfaction qu'en retirerait la morale devrait suffire à les
décider à cette mesure. Que répondent-ils cependant?
Qu'ils sont les seuls et meilleurs juges de ce que leur con-
seillent leurs intérêts.

Aussi rien de plus ordinaire que de voir la plupart de
Messieurs les évolagistes nier les bienfaits, les avantages

<hr>

(1) *Notions de statistiques.* Lyon. Perrin. 1851. P. 28 et 30.

directs qui leur sont assurés par le desséchement. Leur
système date de loin et ce n'est pas d'aujourd'hui qu'ils
refusent de tenir compte des expériences les mieux cons-
tatées, les plus positives à cet égard. MM. Puvis, Bodin,
Dubost et plusieurs autres, ont vainement établi quels
avantages étaient la conséquence inévitable du dessèchement : on n'en tient pas compte, et nous ne nous flattons
guère d'être plus heureux que ces Messieurs sous ce rapport.
En serions-nous où nous en sommes, en serions-nous à
demander un desséchement obligatoire, si l'on tenait
compte des enseignements du passé? Mais quoi que fassent
Messieurs les évolagistes, qu'ils admettent ou non les
bénéfices qui leur sont assurés par le desséchement, ce
fait a été solidement établi, et il faudra bien qu'ils en prennent leur parti. S'ils n'y croient pas, nous y croyons et
beaucoup d'autres.

Il est du reste facile de comprendre qu'on ne peut espérer
que le desséchement se fasse d'une manière profitable, sans
qu'il se fasse avec ensemble, avec une certaine régularité
et dans un laps de temps déterminé, de manière qu'il soit
possible de prévoir qu'à un moment donné toute la Dombes
sera délivrée. M. de La Chapelle a parfaitement fait ressortir
la supériorité de ce mode de desséchement sur celui qui
consiste à laisser la suppression facultative. Avec ce dernier
mode nous aurons un desséchement dont la durée sera
illimitée, et sans résultats efficaces pendant de longues
années, parce que tant qu'il y aura des étangs répandus sur
tous les points de la Dombes à la fois, l'insalubrité sera
générale.

M. le rapporteur du Conseil général s'appuye de l'exemple de la Bresse pour soutenir que puisque la Bresse a été
assainie par le libre effet de la volonté des propriëtaires, il
faut attendre aussi que la libre volonté des propriétaires

assainisse la Dombes. Nous aurions cru qu'il était au contraire tout-à-fait à propos de demander pourquoi les propriétaires de la Bresse ayant assaini leur pays, ceux de la
Dombes n'ont pas assaini le leur. Du reste nous avouons
que nous sommes beaucoup trop pressés de voir la fin du
régime actuel pour ne pas protester contre un mode de
desséchement si facultatif et qui a produit si peu de résultats
jusqu'à ce jour. Chaque année nous apporte un contingent
de fièvres comme de déceptions agricoles et pécuniaires
dont nous souhaitons passionnément, impatiemment la fin.
Il est possible qu'à Trévoux, à Bourg, à Lyon, à Paris, il
y ait des personnes qui éprouvent moins ce besoin. Mais ici
il est très-vif. Nous avons hâte d'arriver à des conditions
plus humaines et plus prospères. S'il était question de quelques années d'attente, nous comprendrions la nécessité
d'accorder du temps pour agir et accomplir la suppression
des étangs. Mais si l'on songe que le desséchement facultatif n'a supprimé que 2 à 3,000 hectares d'étangs en 30 ans,
on verra que nous avons la perspective d'attendre encore
deux siècles au moins pour voir la fin de nos 14,500 hectares inondés, si tout va pour le mieux. Pouvons-nous ne
pas protester de toutes nos forces contre une faculté aussi
menaçante? Ne nous a-t-on pas dit récemment : « *On ne*
« *supprime pas un étang dont le produit net est très-élevé,*
« *même avec la compensation d'une prime.* » Ce produit
peut très-bien être ni aussi élevé, ni aussi net qu'on le
croit et qu'on le dit; mais il suffit qu'on le croie pour que
l'étang soit conservé. Or les étangs supposés mauvais ayant
déjà été supprimés depuis trente ans, comme on l'a dit
aussi, on n'arrivera que difficilement à dessécher les autres ;
en sorte que la durée probable d'un desséchement facultatif
ne saurait être calculée d'après les desséchements opérés
pendant les trente dernières années ; il est au contraire à

présumer que la proportion de la durée des desséchements
à opérer sera beaucoup plus grande. Nous aurions donc
encore devant nous plutôt trois siècles d'étangs que deux.
Or pouvons-nous nous défendre de tout effroi, de toute
appréhension quand on nous propose ainsi de nous résigner
encore toute notre vie durant à la fièvre et aux préjudices
multiples qui en sont la conséquence, et même de léguer
cet état ruineux et fatal à nos survivants?

Le desséchement facultatif, c'est tout simplement encore
deux à trois siècles d'un régime d'hôpital et de sacrifices.

On ne peut donc songer qu'à un desséchement obligatoire, bien ordonné, réparti sur une période de 12 à 15 ans
au plus, et s'effectuant sous la surveillance de l'Etat, garantie dont on ne saurait méconnaître la valeur.

Après tout si le desséchement est obligatoire, à qui la
faute? A l'étang pensons-nous. M. le rapporteur nous dit :
« L'étang a une existence légale; sous prétexte qu'il est
« insalubre, sous prétexte de protéger la vie des citoyens
« on décrète sa suppression. C'est de la coërcition, c'est de
« l'injustice. »

Nous ne tarderons pas à établir ce que ces appréciations
ont d'exagéré. Mais en attendant, Monsieur, permettez :
L'étang, qui supprime votre concitoyen, que fait-il? Est-ce
du ménagement? de la justice? de la légalité? Dites-vous, avec
certains légistes, qu'il opère cette destruction d'une manière
licite, qu'on lui en a donné le droit en autorisant sa création ; que c'est tant pis si cela arrive, on aurait dû le prévoir;
qu'il en faut prendre son parti ; mais ne pas toucher à l'étang
sans l'indemniser? Ah! si l'on avait imposé une indemnité
à l'étang pour chaque décès qui lui était imputable, qu'il y
aurait longtemps qu'on n'en verrait plus !

Nous pensons bien qu'il n'est plus question de l'inno-
cence de l'étang. Or, l'étang et l'homme s'excluant, il s'agit

d'opter. Croyez-vous qu'il vaille mieux garder l'étang qui décime la population de la Dombes, que cette population dont l'existence exige la destruction de l'étang? Assurément nous ne doutons pas de votre réponse, l'étang est condamné. Car en le conservant on perpétue une injustice et un abus autrement graves que tous ceux qui peuvent résulter de la suppression obligatoire de l'étang. Nous disons plus : cette suppression est un acte de haute justice et d'indispensable protection, et qui est d'autant plus nécessaire que tous les motifs invoqués pour défendre l'étang supportent moins l'examen.

OPPORTUNITÉ ET NÉCESSITÉ D'AGIR.

A la fin de l'année 1859, quand on jetait un coup-d'œil sur la question des étangs, on voyait :

1º Qu'au point de vue de la statistique, MM. Bossi, Puvis, Bodin et Valentin Smith avaient donné les preuves les plus convaincantes de la désastreuse influence des étangs et prouvé que leur desséchement seul était le remède efficace à l'état de choses qu'ils avaient provoqué.

2º Les mêmes résultats étaient signalés au point de vue médical par MM. Fodéré, Baudot, Latil de Thimécourt et Bottex, qui arrivaient aussi à la même conclusion.

3º MM. Digoin, Bodin, Puvis et Dubost avaient établi également que la misère agricole de la Dombes était le fait des étangs et ne cesserait qu'avec eux.

4º Enfin MM. Bodin, Puvis et Guigue ont prouvé historiquement que la dépopulation de la Dombes coïncidait avec le règne de l'étang, et nul n'a infirmé les documents sur lesquels cette assertion repose.

Ainsi, il était reconnu et admis que les étangs étaient

insalubres; que leur insalubrité était cause de la dépopulation et de l'état de souffrance de la Dombes; que cette dépopulation et cette souffrance étaient à leur tour une cause de ruine pour l'agriculture, et que le desséchement était le seul remède à un si grand désordre.

Tout le monde en paraissant plus ou moins d'accord, le gouvernement, qui avait entendu des vœux de desséchement depuis nombre d'années, en avait préparé l'exécution par l'établissement de chemins de diverses classes, par l'amélioration des cours d'eau, par la loi sur la licitation des étangs, et enfin par l'établissement d'une école impériale d'agriculture, formula un projet de loi qui devait mettre le sceau à toutes ces mesures en déterminant une époque fixe pour la suppression des étangs. Un système de primes faisait partie du projet de loi afin d'aider et d'encourager le desséchement. Il semblait donc que tout était prêt, qu'il n'y avait plus qu'à agir et que la loi allait enfin être votée.

Mais voilà que M. le rapporteur du conseil général de l'Ain, auquel le projet de loi a été soumis, cherchant un appui en dehors des documents officiels les plus authentiques, niant les funestes effets des étangs tant de fois prouvés, et allant contre le vœu du gouvernement qui souhaite l'assainissement de la Dombes, met pour condition première du desséchement le rachat intégral des évolages par l'Etat.

Puis M. Marion, annoncé par M. le rapporteur, arrive et dit aux statisticiens et aux médecins : « Vous vous êtes « trompés, vous ne connaissez pas la Dombes. Moi, je la « connais et je soutiens que tout ce qui a été dit sur elle « touchant la fièvre et ses graves conséquences, touchant « l'excès des décès sur les naissances, la brièveté de la vie

« moyenne et l'insalubrité des étangs, je soutiens, dis-je,
« que tout cela est erronné ou imaginaire. »

Et après paraissent MM. Pichat et Casanova, qui publient
une étude de la Dombes, au point de vue agricole. (Comme
M. Marion est censé avoir vidé la question de salubrité,
ces Messieurs laissent complètement ce point en dehors de
leur travail.) Ils trouvent que la Dombes est un pays d'une
fertilité médiocre, dont l'étang est la meilleure manière de
tirer parti, et ils indiquent des conditions de desséchement
telles qu'il faut avoir envie de se ruiner pour penser à
dessécher.

Ainsi, tout se trouve inopinément remis en question.
Les laborieuses expériences du passé, les faits appuyés par
des enquêtes et des relevés officiels, comme par les témoignages les plus compétents et les plus graves, tout cela est
oublié, rejeté, et il faut recommencer les vieilles discussions d'il y a vingt ans, rappeler les preuves à charge
contre l'étang, enfin instruire à nouveau ce procès que
l'on croyait jugé définitivement.

Et le projet de loi, que devient-il? On n'en parle plus,
ou si l'on en parle, c'est pour dire qu'il est retiré.
Et voilà cette longue attente d'assainissement, ce désir si
légitime d'amélioration trompés, déçus, ajournés, juste au
moment où nous nous attendions à les voir satisfaits? Est-il
possible de ne pas douter de l'avenir à la vue de pareilles
déceptions?

Mais les faits rapportés par ces Messieurs sont-ils donc si
solides, si puissants, si concluants, si exacts, si vrais?
Défient-ils l'examen et l'investigation? Hélas! qu'il s'en
faut! et que de protestations ils ont provoquées? que de
réclamations il leur a fallu subir! Les études statistiques
de M. Valentin Smith ont déjà fait justice des étranges
affirmations de M. Marion. M. Dubost a complètement

détruit les arguments du rapport du conseil général. Quant au thème de MM. Pichat et Casanova, nous pensons avoir surabondamment démontré combien il est en contradiction avec les faits les plus notoires et les plus répandus, comme avec les témoignages les plus considérables.

Parmi les témoins appelés par nous à déposer dans cette grande question d'humanité et d'agriculture, M. Puvis a dû tenir une place plus marquée que les autres, car les connaissances spéciales et la compétence de ce juge donnent une valeur et une autorité particulières à ses arrêts. Or, le jugement de M. Puvis sur les étangs est aussi vigoureux que fortement motivé, et il nous semble qu'il n'était pas permis à MM. Pichat et Casanova d'en tenir si peu de compte.

Mais voici qu'au moment où nous terminons ce travail, M. C. Nivière a apporté aussi à la défense de la Dombes l'autorité de son expérience et de son nom. L'écrit de cet éminent agronome, qui a fondé la Saulsaie, qui a personnellement prouvé combien on peut exiger et recevoir du sol de la Dombes, n'aurait-il pas plus de poids que celui de MM. Pichat et Casanova? Il suffit de l'avoir lu pour pouvoir affirmer le contraire.

Ainsi donc, examen fait des thèses des défenseurs de l'évolage, il est évident qu'il faut maintenir l'arrêt porté contre l'étang au nom de l'humanité et de l'agriculture, et surtout qu'il faut exécuter cet arrêt. Toutefois, le retard causé à son exécution par les diverses brochures évolagistes a servi à mettre en relief d'une manière remarquable combien l'intervention du gouvernement est nécessaire, indispensable pour régler convenablement cette question. Il est manifeste que si cette intervention nous fait défaut, nous continuerons, sans aboutir, ces discussions éternelles et stériles. Il n'y a pas deux manières de sortir de l'ornière où nous sommes si profondément engagés. Il n'y a que le desséchement qui puisse nous remettre en bonne voie, et un desséchement organisé avec ensemble, accompli dans un temps déterminé, s'effectuant catégorie par catégorie, de façon à ce que chaque année une catégorie soit appelée au desséchement, jusqu'à la complète disparition des étangs. Aussi longtemps qu'on n'en viendra pas là, l'humanité continuera à souffrir et l'agriculture à être une déception en Dombes.

III.

Mais pourquoi n'en finirait-on pas une fois? Peut-on éviter d'en venir là? Nous voyons des évolagistes réclamer le *statu quo* représenté par le desséchement facultatif. Et pourquoi le *statu quo*? Pourquoi des délais? Il y a vingt et trente ans on disait : « Avant de dessécher, il faut créer « des chemins. » C'est fait. « Il faut améliorer les cours « d'eau. » C'est fait. « Il faut une loi sur la licitation des « étangs. » C'est fait. Tout cela est fait, et on enseigne à la Saulsaie ; et le drainage est favorisé, aidé ; et le gouvernement offre une loi pour le desséchement et des primes pour l'encourager et le faciliter, et il attend, et nous aussi, que Messieurs les évolagistes soient décidés.

Le gouvernement est donc prêt, la Dombes est donc prête ; pourquoi Messieurs les évolagistes ne le sont-ils pas? S'ils n'ont pu se préparer tandis que l'Etat se mettait en mesure, pourquoi seront-ils plus tôt prêts dans vingt ans, dans trente ans, dans cinquante ans? Mais s'ils ne sont pas prêts aujourd'hui, c'est que, pour la plupart, ils n'ont pas voulu. Pour être prêt il faut agir, s'organiser, préparer l'avenir, commencer. Au lieu de cela, M. Marion,

comme M. le rapporteur du conseil général, nous disent :
« Attendons ! ne touchons rien ; faisons comme en Bresse,
« laissons chacun dessécher quand bon lui semblera. Nous
avons desséché 4,000 hectares en trente ans, le reste
« partira petit à petit. »

Ah ! il s'en faut bien, que vous fassiez comme en Bresse !
Ils ont fini, là-bas, et vous, vous ne voulez pas commencer.
Et puis, outre que vous n'avez pas tant desséché, ce qui
reste s'en irait beaucoup trop petit à petit avec cette
méthode. Nous sommes peu séduits par cette attente
séculaire qu'on nous propose. En outre, comme la Dombes
se trouverait bien de ce desséchement incertain, inégal,
accidentel, capricieux, s'effectuant partout et laissant tout
le pays malsain ! Comme la position des domaines desséchés se trouverait bien tenable, avec les étangs des voisins
qui ne seraient pas supprimés et qui les environneraient !
On invoque ce qui s'est fait pendant les trente dernières
années pour donner à croire qu'on va dessécher avec beaucoup d'empressement si on n'y est pas obligé, et précisément cette expérience de trente années nous donne à
penser que ceux qui ont voulu dessécher l'ont fait, et qu'il
ne reste plus guère, en fait d'évolagistes, que ceux qui ont
intention de rester évolagistes. Un coup-d'œil sur ces trente
ans fera bien comprendre cela.

Grâce aux enquêtes et aux recherches qui eurent lieu
de 1830 à 1840, la lumière s'était faite sur les étangs et
ils étaient condamnés. Dès lors on a vu des hommes géné-
reux dessécher leurs étangs sans réclamation quelconque.
M. Nivière, à lui seul, en a supprimé trente-deux. Eh bien !
qui va renouveler l'exemple de M. Nivière, aujourd'hui ?
Sont-ce les propriétaires qui disent : « Nous avons bien
« supprimé nos mauvais étangs, mais nous conserverons
« les bons malgré la prime ? » Est-il probable qu'ils dessé-

chent à moins qu'ils n'y soient condamnés par quelque
arrêt, comme ayant des étangs insalubres?

Cette obstination est d'autant plus déplorable, que si
le pays gagne en salubrité au desséchement, la propriété
y gagne non moins en valeur, contrairement aux craintes
des évolagistes. Puis, si cette obstination continue, il est
fort possible que plus tard les conditions de desséchement
soient beaucoup moins avantageuses qu'aujourd'hui. Ceci
nous rappelle ce que M. de La Chapelle écrivait au *Journal
de l'Ain* (nᵒ du 15 juin 1860) : « Nous continuerons à être
« desséchés comme par le passé, par la loi de 1792. Au lieu
« de l'être avec primes, sur l'avis du conseil général et par
« un décret, nous le serons sans primes, par un arrêté
« préfectoral et sur l'avis d'un ingénieur. Les grands pro-
« priétaires se rassurent et se fient à l'influence qu'ils
« exercent sur les conseils municipaux, composés de leurs
« créatures. Mais rien n'est plus facile au gouvernement
« que d'écarter cet obstacle. D'ailleurs, encore quelques
« desséchements obtenus, encore quelques exemples
« donnés, et les conseils municipaux vous échapperont.
« Vous verrez *un tolle* contre les étangs du grand proprié-
« taire. Vous serez desséchés en même temps et par
« l'autorité qui voudra le bien du pays et qui fera son
« devoir, et par la population. Ce desséchement, fait néces-
« sairement sans ensemble et sans suite, sera longtemps
« une plaie pour la Dombes, avant de devenir un bienfait. »

CONCLUSIONS.

—

La question du desséchement, déjà assez complexe, s'est encore compliquée de plusieurs projets de chemins de fer. Ne parlons que de celui qui est sérieux, et qui, passant par le centre de la Dombes, relierait Bourg à Lyon. Ce projet présente des chances réelles de réussite, il offre à la Dombes bien des avantages dont le plus considérable serait de combattre puissamment l'absentéisme. Car aujourd'hui il n'y a aucun service public qui relie la Dombes à Bourg, et d'un autre côté, les correspondances qui la mettent en rapport avec Lyon ou font des circuits qui doublent la longueur et les désagréments de voyage, ou ne desservent pas du tout certaines zônes. De là, pour bien des propriétaires, une présence rare et stérile. Qu'on suppose au contraire que les relations soient faciles, dès lors les rapports se multiplient, et le bien du pays gagne inévitablement à cette multiplicité des rapports. Mais si ce chemin de fer est avantageux, en résulte-t-il que son influence seule suffira au desséchement, à l'assainissement de la Dombes? Il n'y a qu'à voir ce qu'ont produit sous ce rapport toutes les améliorations précédemment réalisées en Dombes pour savoir à quoi s'en tenir. Non, le chemin de fer ne suffira pas. Tout au plus provoquera-t-il des desséchements restreints et incomplets qui changeront peu à l'insalubrité actuelle. Comme complément au desséchement, ce chemin devient un puissant auxiliaire de transformation et de progrès. Mais si la pensée qu'il peut suffire seul à l'assainissement de la Dombes venait à prévaloir, ce serait un vrai désastre pour ce pays qui lui devrait de voir encore de longues années d'épreuve.

En effet, au fond, de quoi avons-nous le plus besoin en ce moment? Sont-ce des chemins de fer, des débouchés? Mais la Dombes, quoique sans service direct, est dans le voisinage de plusieurs chemins de fer et de plusieurs villes. Ce n'est donc pas là son plus urgent besoin. Non, ce qu'il lui faut, c'est la santé, la sécurité; c'est la vie comme on la trouve et comme on en jouit à notre porte, à deux pas de nos étangs. Voilà ce qui nous manque, ce qu'il nous faut absolument, ce qui nous presse par-dessus tout; et cela, un chemin de fer ne nous le donnera pas, il n'y a que la suppression de l'étang qui nous le donnera.

Voilà pourquoi nous demandons un desséchement général et obligatoire, sans doute avec tous les ménagements, les secours, le temps que la prudence et l'équité exigent. La rénovation de la Dombes est à ce prix. Les primes et le chemin de fer peuvent faciliter et féconder cette mesure, mais ils ne sauraient l'accomplir seuls.

Que le Gouvernement, dans sa sollicitude pour tous, veuille adoucir cette suppression et en amener la réalisation par la conciliation et les ménagements, c'est bon, c'est bien et nous devons certainement lui en être reconnaissants. Mais ne fait-il pas assez de concessions pour avoir le droit d'exiger que le résultat soit complet et proportionné à ses efforts? Mais la sagesse et la justice ne doivent-elles pas lui faire prévoir le cas où les ménagements ne pourraient rien obtenir?

Et faisons une supposition. Les primes et les prêts sont accordés, le chemin de fer est créé, et le silence se fait en Dombes. Les étangs s'en vont-ils pour cela? Qui voudra le garantir? Ils pourront donc longtemps encore perpétuer leur fatale influence sans que les anciens dessécheurs, dont les vœux légitimes auront été satisfaits, songent à intervenir de nouveau. Cependant parcequ'on ne dira rien, n'y aura-t-il plus de souffrance? Hélas! si, il y en aura; et les zônes qui resteront affectées par l'étang seront alors celles où leurs propriétaires auront le plus d'influence, où les fermiers et les petites gens n'oseront pas se plaindre, et qui par conséquent se recommandent plus particulièrement à la sollicitude et à la prévoyance de l'Etat. Or l'Etat a d'autant plus le droit de prévenir cette éventualité par un desséchement obligatoire, qu'il accordera un plus efficace concours à ceux qui voudront dessécher.

Et puis, pourquoi n'attaquerait-on pas le mal de front et par la base? Poursuivons-nous un autre but que le retour à la salubrité? Pourquoi donc alors ne pas employer les moyens les plus efficaces pour y arriver? A quoi profiteront les demi-mesures? Peut-être dira-t-on qu'il faut d'abord voir si le système des primes ne suffira point pour assainir. Mais c'est encore un renvoi, c'est encore un délai pour régler une question qui est plus que mûre, qui se réglerait parfaitement et surtout d'une façon très-opportune en ce moment; or en attendant nous jouirons de la fièvre, nous subirons le régime déplorable et désastreux de l'étang, et l'agriculture restera entravée. Pour tous nos chemins, nos cours d'eau, notre législation, tout est prêt pour le desséchement. Qu'attendrait-on? Une occasion meilleure? Mais peut elle être meilleure? N'est-elle pas aujourd'hui telle qu'on la demandait il y a vingt ans? Pourquoi donc un retard? Faut-il rappeler ce que M. Valentin Smith vient de répéter tout à l'heure? « La population de la Dombes est « absorbée par l'étang; c'est en vain que l'immigration se « jette dans ce gouffre, elle y reste, mais elle ne le comble « pas. » N'y a-t-il donc pas urgence d'agir?

Peut-être le Gouvernement est-il effrayé parce qu'on n'a pas craint de dire que la justice appliquée à l'étang était de la coërcition. Il est vrai que l'étang a joui jusqu'ici d'un privilége peu digne d'une époque civilisée, du privilége de détruire l'espèce humaine d'une manière licite. Mais sérieusement ne serait-il pas permis d'appliquer à l'étang les lois du droit le plus vulgaire, qui veut qu'on supprime tout ce qui est destructeur de la société? Et l'étang n'est-il pas éminemment destructeur de l'homme? N'a-t-il pas en outre contre lui le progrès, la logique, la science, le bon sens, l'ordre, la justice, la morale et l'humanité? Hélas, oui. Mais l'étang a un formidable défenseur : le préjugé.

N'importe. Il y a assez longtemps que les réclamations exagérées, les craintes excessives, voire même imaginaires, paralysent l'action de l'État et perpétuent le mal en Dombes au nom d'un intérêt purement pécuniaire. Aujourd'hui la lumière est faite et les ajournements ne sont pfus de saison. La morale et la justice demandent leur tour.

TABLE DES MATIÈRES.